Claudia Lorenz-Ladener

Kleine grüne Archen

Passivsolare Gewächshäuser selbst gebaut

mit Beiträgen von
Kurt Forster, Wolfram Franke, Sabine Huber,
Jochen Koller/Herwig Pommeresche,
Peter Latz, Wolfgang Putzinger, Erwin Zachl

ökobuch

Alle Angaben und Arbeitsanleitungen in diesem Buch wurden nach bestem Wissen und Gewissen zusammengestellt, eine Gewähr für die Richtigkeit wird jedoch nicht übernommen. Infolgedessen lassen sich für die praktische Umsetzung des hier Dargestellten keine Haftungsansprüche gegenüber der Autorin/den Autoren oder dem Verlag ableiten.

Bibliografische Information der Deutschen Nationalbibliothek

Die Deutsche Nationalbibliothek verzeichnet diese Publikation in der Deutschen Nationalbibliografie; detaillierte bibliografische Angaben sind im Internet unter http://dnb.d-nb.de abrufbar.

Unsere Bücher werden nach höchsten Ansprüchen an Nachhaltigkeit und Ökologie produziert und wir optimieren ständig weiter:

- Papiere und Pappen sind FSC® oder PEFC™ zertifiziert
- Druckfarben auf Pflanzenölbasis
- Druckplattenbelichtung komplett chemiefrei
- Klebstoffe lösungsmittelfrei
- 100% Öko-Strom bei Druck und Bindung
- Müllvermeidung und Recycling bei der Produktion
- kurze Wege, gedruckt in Deutschland

ISBN 978-3-936896-65-7

6. Auflage 2026

Königstr. 43, 26180 Rastede
E-Mail: verlag@oekobuch.de
http://www.oekobuch.de

Druck: Grafisches Centrum Cuno, Calbe

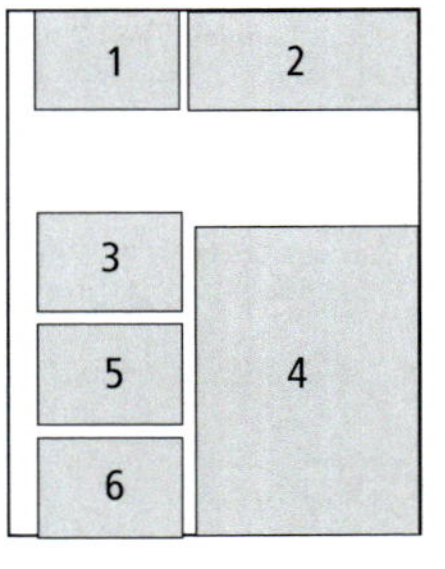

Fotonachweis Cover:
Erwin Zachl (1),
Kurt Forster (2) und (6),
Peter Latz (3),
Herwig Pommeresche (4),
Wolfgang Putzinger (5)

Inhaltsverzeichnis

Vorbemerkung

Der Trend, sich selbst zumindest teilweise mit Obst, Gemüse und Kräutern aus dem eigenen Garten zu versorgen, hat in den letzten Jahren wieder stark zugenommen – und ein Ende ist nicht abzusehen.
Der Wert eines kleinen Gewächshauses für die Selbstversorgung ist dabei offensichtlich: Bei guter Bewirtschaftung kann auf wenig Fläche viel Nahrung angebaut werden, da die Wachstumsperiode im Vergleich zum Freiland verlängert ist. Zudem ist das Angebaute in einem Gewächshaus auch vor Schäden durch Hagel, Wind und Tieren geschützt.
Kleingewächshäuser werden inzwischen in jedem Baumarkt oder Gartencenter preisgünstig angeboten. Deren Innentemperaturen sind im Sommer aber gewöhnlich so hoch und in der kalten Jahreszeit wiederum so niedrig, dass weder die übermäßige Wärme noch die große Kälte für das Gedeihen der meisten Pflanzen zuträglich ist.
Wie kann ein Gewächshaus nun so gebaut werden, dass gute Wachstumsbedingungen für eine fast ganzjährige Pflanzenproduktion gegeben sind – vorzugsweise ohne zusätzliche Heizenergie aus nicht erneuerbaren Quellen?
Mit Solargewächshäusern, d.h. passivsolar beheizten Gewächshäusern ist dies möglich. Sie sind freistehend oder angelehnt eine gute Alternative bzw. Weiterentwicklung zum allseitig transparenten Standardgewächshaus.
Die gute Botschaft: Auch die transparenten Standardgewächshäuser lassen sich mit relativ wenig Aufwand und Kosten so umrüsten, dass sie im Sommer nicht so schnell überhitzen und im Winter nicht so rasch auskühlen, sondern Wärme im Gewächshaus speichern und nach und nach wieder abgeben.
Solargewächshäuser sind nicht nur störungsunanfällig und langlebig, sie verursachen auch nur geringe bis keine Betriebskosten. Wie sie gebaut werden können oder sich aus Standardkonstruktionen umgestalten lassen, davon handelt dieses Buch.

Claudia Lorenz-Ladener

Wie wahr ...

Der Garten ist der letzte Luxus unserer Tage, denn er erfordert das, was in unserer Gesellschaft am kostbarsten geworden ist: Zeit, Zuwendung und Raum.
Dieter Kienast, Schweizer Gartenarchitekt im Internetforum *www.planten.de*

Abb. linke Seite:
Anneliese und Peter Latz
(siehe auch Seite 132 ff.)

Passivsolare Gewächshäuser

Einige Bauteile passivsolarer Gewächshäuser erfüllen nicht nur konstruktive oder räumliche Funktionen, sondern können die einfallende Sonnenstrahlung mit Hilfe des Treibhauseffektes auf natürliche Weise als Wärme sammeln, speichern und zeitlich verzögert wieder abgeben.
Treibhauseffekt (siehe S. 15): Das von der Sonne ausgehende sichtbare Licht tritt durch die transparente Abdeckung (z.B. Glas) hindurch in das Gewächshaus ein und wird dort sofort in Wärme umgewandelt. Die überschüssige Wärme wird dabei großflächig in massiven Umgebungswänden oder konzentriert in freistehenden Elementen (z.B. Wasserbehältern) gespeichert. Bei Absinken der Temperatur im Gewächshaus geben die Wärmespeicher dann die Wärme durch Strahlung, Leitung und Strömung (Konvektion) wieder ab (siehe Abb. 2.3, S.15). Die Umgebungswände oder das freistehende Element sind als thermische Speichermasse dann am wirkungsvollsten, wenn sie direkt der Sonneneinstrahlung ausgesetzt und dunkel beschichtet sind (siehe S. 54 ff.).
Generell wird die Wärme im Gewächshaus durch Entlüften und Verschatten reguliert, bzw. durch eine bewegliche Wärmedämmvorrichtung bei Nacht vor der transparenten Abdeckung.

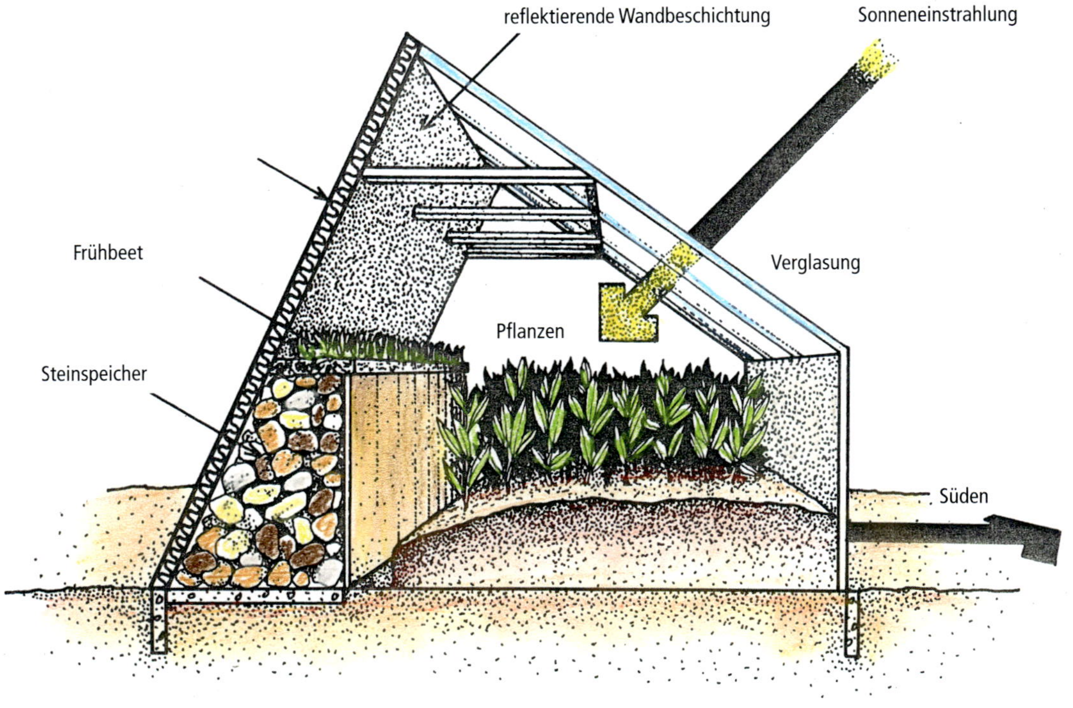

1.1 Freistehendes Solargewächshaus, Prototyp (Quelle 1)

1.2 Variante: Erdgewächshaus mit wärmegedämmter Stehwand, Entwässerung und Regenwasserspeicher (Quelle 3)

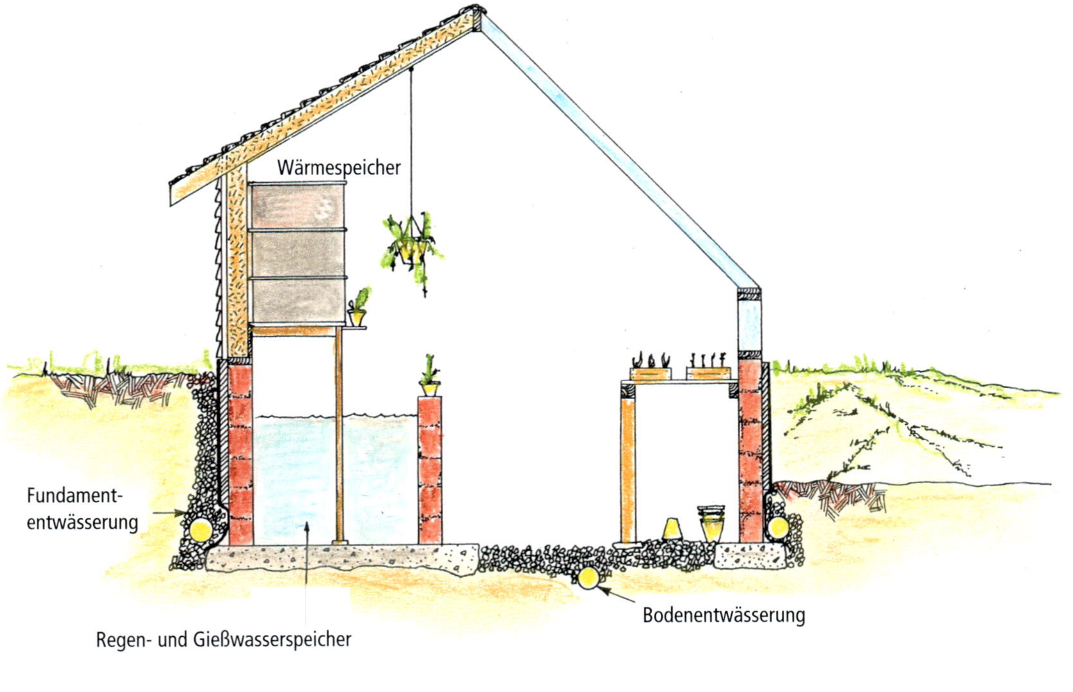

1 Passivsolare Gewächshäuser – eine Renaissance

Schon 1974 wurde im Brace Research Institut in Québec, Kanada, ein freistehendes Solargewächshaus für kältere Klimazonen konstruiert. (Abb. 1.1). Bei diesem Gewächshaus-Prototyp war die wärmegedämmte Nordwand geneigt und weiß gestrichen, um die einfallende Strahlung von der Wand auf die Pflanzen zu reflektieren und dadurch den Einfluss phototropischen (einseitig dem Licht zugewandten) Pflanzenwachstums zu verhindern. Der Neigungswinkel der Nordwand zur Horizontalen wurde dabei so gewählt, dass er dem Höchststand der Sommersonne am Breitengrad des jeweiligen Standortes entsprach. Eine so geneigte Nordwand soll die Lichtmenge, die für die Pflanzen an einem klaren Wintertag nutzbar ist, mehr als verdoppeln können. Die nach Süden ausgerichtete Dachfläche war transparent. Das Gewächshaus hatte nach Angaben des Instituts etwa die Hälfte des Wärmeverlustes konventioneller Ganzglasgewächshäuser.

Eine Variante dieser Konstruktion zeigt Abb. 1.2, bei der die geneigte Nordwand, wärmegedämmt und innen weiß gestrichen, auf einer erdbedeckten Stehwand aus Mauerwerk auflag.
Eine weitere Variante (Abb. 1.4) wurde - ebenfalls in den 70er Jahren - vom Environmental Research Institut in Ann Harbor/Michigan gebaut: Ein 532 m^2 großes Gewächshaus als A-Rahmen-Konstruktion für eine Erwerbsgärtnerei, das, verglichen mit konventionellen Gewächshäusern, einen Wärmeverlust von weniger als 25% hatte. Der Steinspeicher im Boden, in den durch Ventilatoren Warmluft geleitet wurde, erwies sich in der Praxis allerdings als wenig effizient.
Nun lassen sich in einem Solargewächshaus nicht nur Pflanzen, sondern auch schnell wachsende und schmackhafte Warmwasserfische züchten. Erstmals erprobte dies das

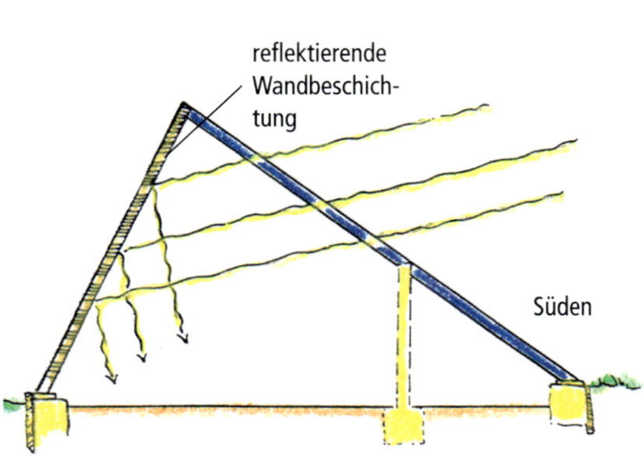

1.3
Eine geneigte und weiß gestrichene Nordwand ist günstig, um Lichtwüchsigkeit durch die Reflexion des Lichtes von der Wand zu den Pflanzen zu vermeiden. (Quelle 2)

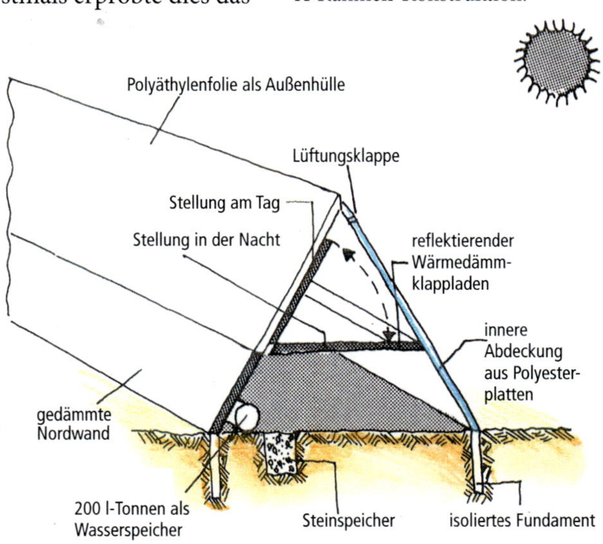

1.4
Solargewächshaus als A-Rahmen-Konstruktion.

1.5

1.6

Zur Klimatisierung des Gewächshauses wird am Tage über den Ansaugkanal (1) warme Luft vom First abgesaugt und mit einem 400 W Gebläse durch den 60 m³ großen Steinspeicher geblasen. In der Nacht wird erwärmte Luft aus dem Speicher über die Luftkanäle unter den Pflanzenbänken und die Auslassöffnungen (3) ins Gewächshaus geblasen.

Ein offener, 1,2 m tiefer Fischteich (4) und 9 transparente Fischtonnen (5) mit je 2,5 m³ Wasservolumen wirken nicht nur als zusätzliche passive Wärmespeicher, sondern dienen hauptsächlich der Warmwasser-Fischzucht, die vollständig in den ökologischen Kreislauf im Gewächshaus integriert ist.

Ein großzügig dimensioniertes Oberlicht im First sorgt für ausreichende Entlüftung. Es wurde aus einem Holzrahmen, bespannt mit transparentem, glasfaserverstärktem Kunststoff, hergestellt (6).

Zur Gründung der Holz-Tragkonstruktion wurde ein Streifenfundament betoniert, versehen mit einer Außendämmung aus 6 cm Polystyrolschaumplatten (7).

Die Nordwand (8) ist eine sehr gut wärmegedämmte Leichtbaukonstruktion, aufgebaut aus einer Holzverkleidung innen, 6 cm Dämmstoffplatten und Dachschindeln auf der Wetterseite.

Für die Verglasung des Süddachs wurden 1 mm dünne, hoch lichtdurchlässige, glasfaserverstärkte Kunststoffplatten (9) verwendet – zweilagig mit 2,5 cm Luftzwischenraum – die zur besseren Stabilität nach innen gewölbt sind.

Um die tragenden Sparren (10) für eine optimale Belichtung so dünn wie möglich zu halten, werden sie in der Mitte durch eine Stahlseilverspannung (11) unterstützt.

Die Cape-Cod-Arche

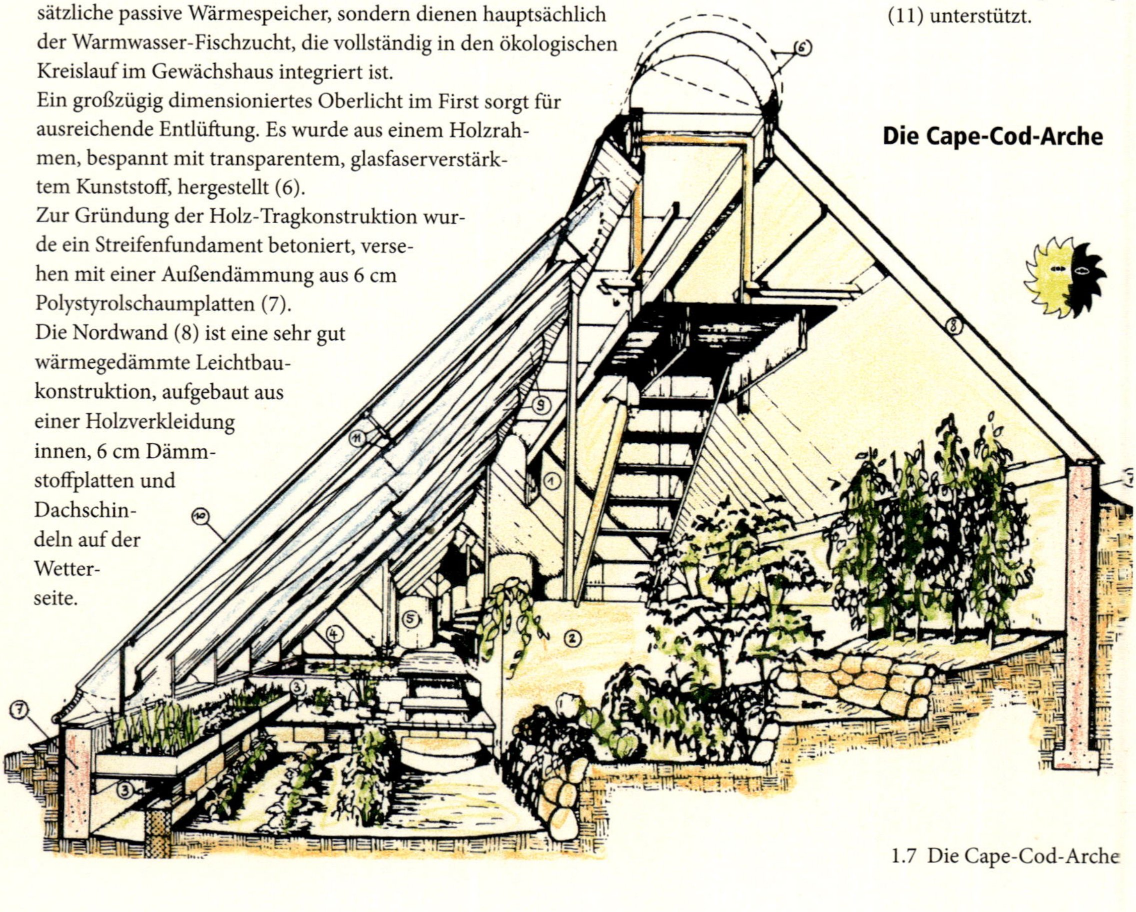

1.7 Die Cape-Cod-Arche

1.8

Forscherteam des New Alchemy Institutes in Woods Hole, Massachusetts im Jahr 1970/71. Ihre „Arche“ (Abb. 1.5 bis 1.8) war ein Beispiel für das Bemühen, ökologische Kreisläufe für die Produktion von Nahrungsmitteln zu schaffen.

Auch an der Gesamthochschule in Kassel wurde geforscht, wie sich Pflanzenanbau und Fischzucht in kleinem Maßstab in einem Gewächshaus mit Hilfe von erneuerbaren Energien bestmöglichst realisieren lassen (Abb. 1.9 bis 1.11).

Ebenfalls mit ökologischen Kreisläufen beschäftigte sich in dieser Zeit James DeKorne, der im Norden von New Mexiko ein „autonomes“, 90 cm unter Erdniveau liegendes Gewächshaus bewirtschaftete (Abb. 1.12). In diesem Erdgewächshaus diente ein 5000 l Wasser fassender, solarbeheizter Fischteich als Wärmequelle für winterliches Pflanzenwachstum. Ein 12-Volt-200-Watt-Windgenerator lieferte den nötigen Strom, um das Wasser aus dem Fischteich durch einen Filter und durch den Sonnenkollektor zu pumpen.

Das Gemüse wuchs als Hydrokultur in 200 l Fässern, die der Länge nach aufgeschnitten und mit Kieselsteinen gefüllt waren. In zwei ebenfalls horizontal aufgetrennten Fässern, gefüllt mit Kompost, züchtete er Erdwürmer. Die Würmer ernährten sich von den kompostierten Abfällen und wurden an die Fische verfüttert. Deren Abfälle waren wiederum, in Wasser gelöst, als Nährlösung für die Hydrokultur wichtig. Der Windgenerator erzeugte den Strom für die Umwälzpumpe im Wasser-Sonnenkollektor-Kreislauf, das solarbeheizte Wasser diente dem raschen Wachstum der Fische und gab bei Nacht Wärme an das Gewächshaus ab.

Das Einzige, was James deKorne seinem ökologischen Kreislauf zufügen musste, so seine Überlegungen, waren organische Abfälle, um die Würmer zu füttern. Und die bekam er aus seinem Garten.

1.5 bis 1.8
Ökologische Kreislaufwirtschaft in der „Arche“, im großen Solargewächshaus des New Alchemy Insituts in Cape Cod, Massachusetts, USA.

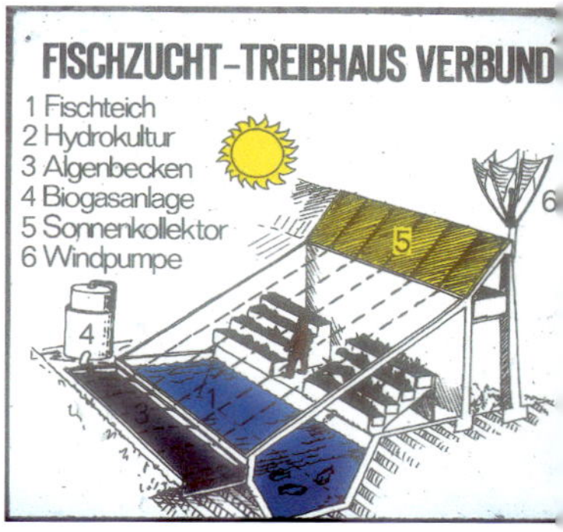

1.9 bis 1.11
Pflanzenanbau und Fischzucht: Gewächshausprototyp der Arbeitsgruppe Angepasste Technologie (AGAT) der Gesamthochschule Kassel.

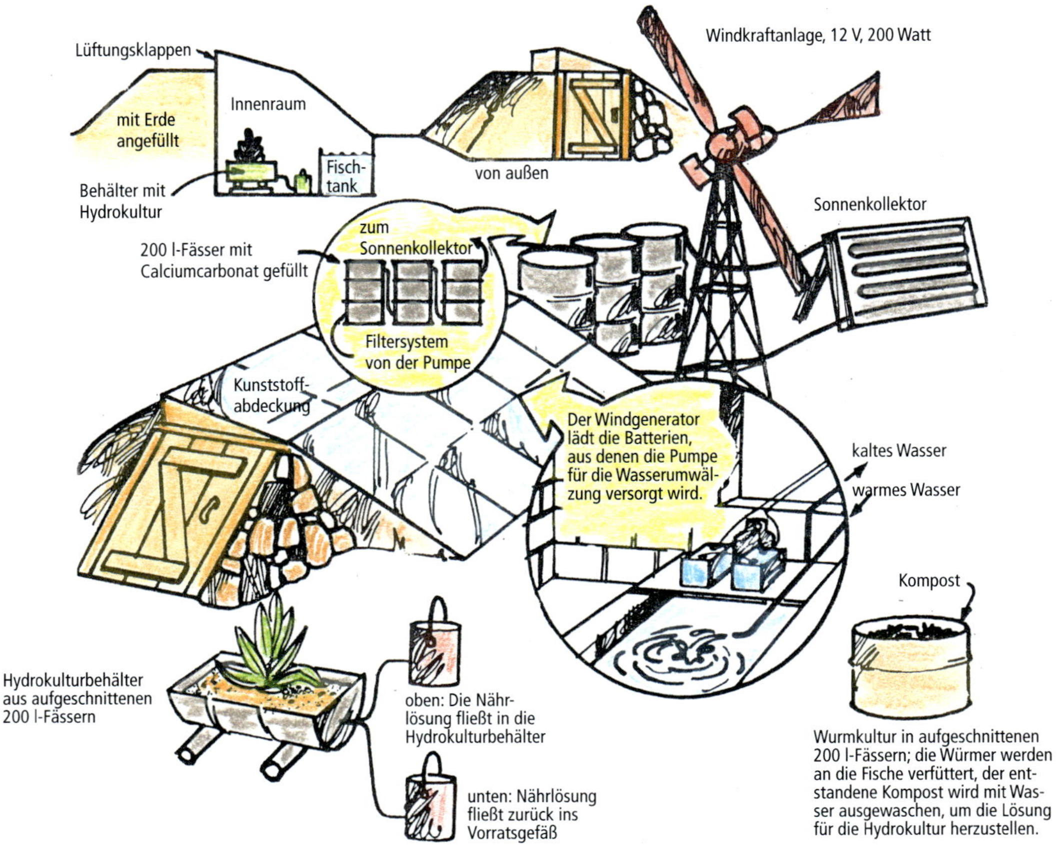

1.12 Das Erdgewächshaus von James DeKorne, New Mexiko - Versuch einer ökologischen Kreislaufwirtschaft.

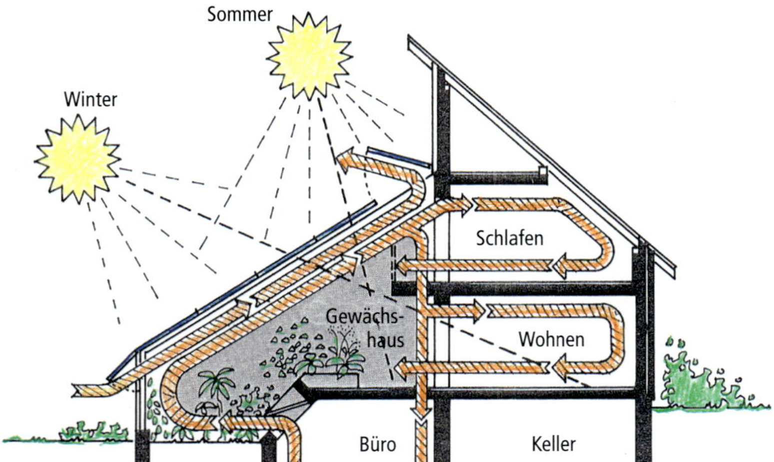

1.13
„Sonnenkollektoren, in denen es sich leben lässt“: Der Funktionsschnitt zeigt, wie die erwärmte Luft auch die angrenzenden Räume mit Energie versorgt, wovon auch das Büro im Kellergeschoss profitiert. Die Wintersonne gelangt weit in die Wohnräume hinein. (Quelle 4)

Sein Erdgewächshaus war auf sehr einfache und preiswerte Art gebaut. Es wurde ausschließlich mit Sonnenenergie temperiert und arbeitete zufriedenstellend. (Allerdings ist die direkte Sonneneinstrahlung in New Mexiko auch im Winter sehr viel höher als in Deutschland). Um aber keine Illusion zu nähren: Temperaturmessungen ergaben, dass im Januar bei Außentemperaturen zwischen –2 bis –10°C eine Lufttemperatur im Gewächshaus zwischen – 4°C und + 1°C und eine Fischteich-Wassertemperatur von gerade noch +2°C und +6°C gehalten werden konnte.
In der Praxis funktionierte sein „autonomes“ Erdgewächshaus nicht so gut, wie er es sich vorgestellt hatte,

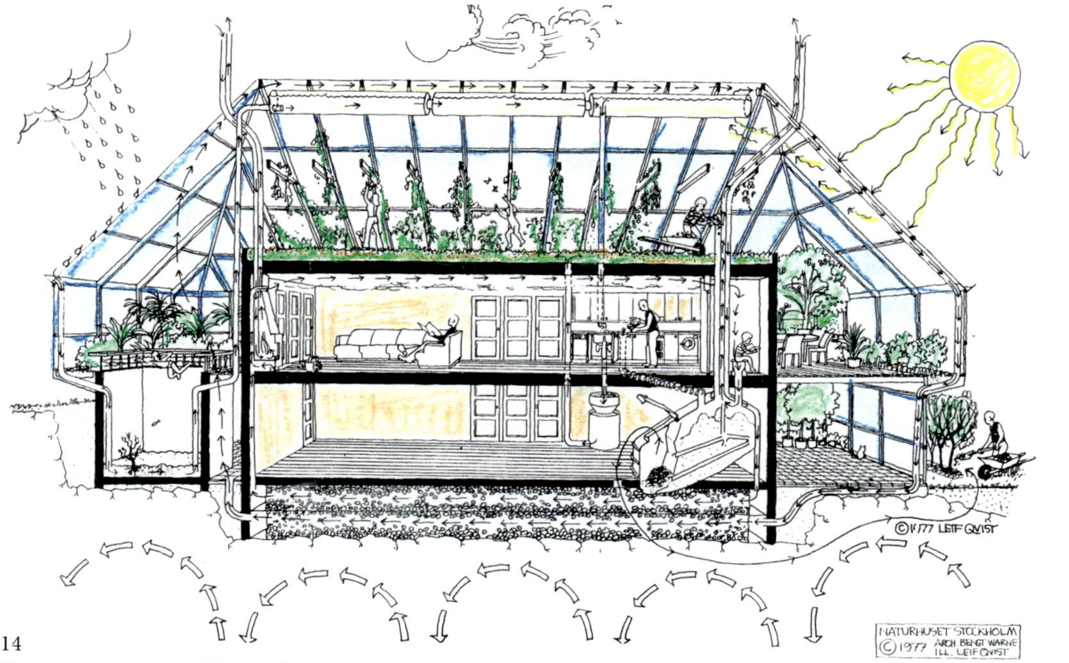

1.14
Selbstversorgung unter Glas mit Komposttoilette. Das „Naturhuset“ des schwedischen Architekten Bengt Warne.

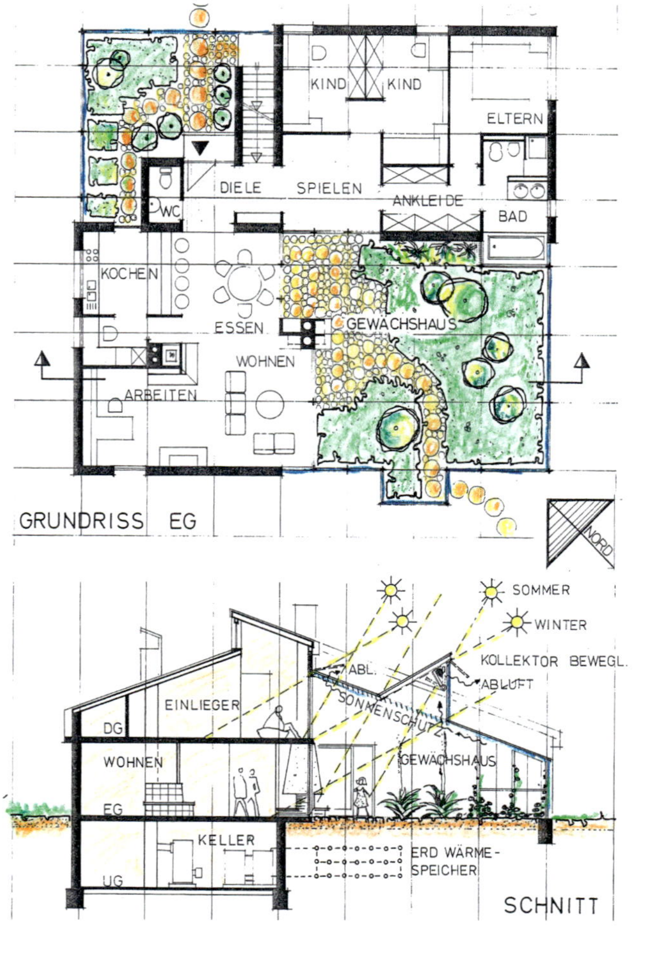

1.15
Grundriss und Schnitt eines Einfamilienwohnhauses mit Einliegerwohnung. Der Ess- und Wohnbereich ist dem Gewächshaus zugeordnet und durch bewegliche Glaswände getrennt. (Quelle 5)

schrieb er 1992 in seinem Buch *The Hydroponic Hot House*. Zum einen war es nicht möglich, in seinem nur etwa 25 m² großen Gewächshaus die Nahrung für seine vierköpfige Familie vollständig anzubauen, zum anderen lieferte der Windgenerator die notwendige Energie für die Umwälzpumpe im Wasser-Sonnenkollektor-Kreislauf nur unzuverlässig. Auch war er inzwischen nicht mehr der Meinung, dass es sinnvoll ist, ein Gewächshaus dieser Größe für den Anbau von pflanzlicher Nahrung überhaupt mit aktiven Energiesystemen auszurüsten (Quelle 30).
Neben vielen gebauten und geplanten „Sonnenhäusern“ in aller Welt gab es in den 1970/80er-Jahren auch

1.16
Ein Wohngewächshaus. Titelbild des Buches „Grüne Archen – In Harmonie mit Pflanzen leben“ der Planergruppe LOG ID, Stuttgart 1982, Fricke Verlag.

Zukunftsinitiative Niedrigenergie-Gewächshaus für den Erwerbsgartenbau

Im Erwerbsgartenbau verbraucht ein Gewächshaus je nach Größe und Anbaukultur durchschnittlich 40 l Öl oder Öläquivalent pro Quadratmeter und Jahr. In einem seit 2009 vom Bundesministerium für Umwelt, Naturschutz und Reaktorsicherheit (BMU), vom Bundesministerium für Ernährung, Landwirtschaft und Verbraucherschutz (BMELV) sowie von der Rentenbank geförderten Großprojekt soll erarbeitet werden, wie dieser hohe Verbrauch an fossiler Energie in Gewächshäusern radikal heruntergefahren werden kann. Die Forscher der Universität Hannover, die das Projekt deutschlandweit koordinieren, formulieren als ehrgeiziges Ziel, den Energieverbrauch in gewerblichen Gewächshäusern um 90% zu senken und die Restenergie langfristig über alternative Energien abzudecken. Teil des Konzeptes sind u.a. eine neu entwickelte Isolierverglasung und bewegliche „Energieschirme“ aus aluminiumisiertem Material , die nachts über die Pflanzen gesenkt werden. Außerdem soll die überschüssige Wärme im Gewächshaus, die normalerweise abgelüftet wird, gesammelt werden und in der Nacht mittels Wärmetauscher wieder dem Gewächshaus zugute kommen. Nicht nur durch Technik, sondern auch durch den Anbau wollen die Forscher Energie einsparen. Als weitere Sparmaßnahme ist eine Anpassung der Kulturfolge der Pflanzen vorgesehen: Im Winter sollen Kulturen angebaut werden, die mit relativ tiefen Temperaturen auskommen, wie z.B. Feldsalat, im Sommer hitzbeständige Pflanzen. Die Forscher sind sich sicher, dass die Ergebnisse des Projektes für die deutsche Gartenbauwirtschaft zukunftsweisend sein werden.

in Deutschland verstärkt Bestrebungen, Gewächshäuser nicht nur zur Nahrungsproduktion, sondern, an Wohngebäude angelehnt, auch zur Klimatisierung derselben zu nutzen.„Sonnenkollektoren, in denen es sich leben lässt“, waren für eine Weile wichtiger Aspekt ökologischen Planens und Bauens (Abb. 1.13 bis 1.16) mit dem Ziel, Wohneinheiten zu schaffen, die möglichst wenig Fremdenergie aus nicht erneuerbaren Quellen benötigen. Nach einiger Zeit traten die oftmals recht aufwendig gebauten, kostspieligen „Wohn-Gewächshäuser“ aber wieder in den Hintergrund, da der positive Einfluss auf die Energiebilanz der Gebäude nicht so groß war wie geplant bzw. gedacht oder vielleicht auch aufgrund nicht angepassten Nutzerverhaltens und anderer, wirkungsvollerer Formen der Energieeinsparung.

Heute nun, in einer Zeit, in der das Interesse an einer Selbstversorgung mit Gemüse und Obst wieder stark gewachsen ist, erleben einfach gebaute Solargewächshäuser, an ein Gebäude oder eine Mauer angelehnt, ebenso eine Renaissance, wie auch freistehende Gewächshäuser. Anders als vor 30 bis 40 Jahren, als versucht wurde, die Energiegewinnung und –speicherung durch technische Systeme zu optimieren, trifft man in neuerer Zeit auch mal auf die Vorstellung, dies mit rein biologischen Maßnahmen erreichen zu können (Abb. 1.17). Inzwischen hat sich aber herausgestellt, dass diese an sich faszinierende Idee so nicht funktioniert, zumindest in unseren Breiten nicht und wenn allein Hühner als „Wärmespender“ dienen.

Ein Solargewächshaus wird wohl immer ein mehr oder weniger individuelles Bauwerk sein, wie auch die gebauten Beispiele ab Seite 68 zeigen. Um selbst ein solches bauen zu können, ist neben etwas handwerklichem Geschick auch einiges Wissen um die Zusammenhänge von Sonneneinstrahlung, Wärmegewinnung und Wärmespeicherung notwendig. Dieses Wissen ist ebenfalls erforderlich, wenn ein allseitig transparentes Standardgewächshaus für die Pflanzenproduktion besser ausgerüstet bzw. optimiert werden soll. In den nachfolgenden Kapiteln sind deshalb die wesentlichen Merkmale beschrieben, wie die Energie der Sonne bestmöglichst im Gewächshaus genutzt werden kann. Das letzte Kapitel zeigt dann, auf welch unterschiedliche Weisen passivsolare Gewächshäuser selbst gebaut werden können, bei denen Prinzipien und Gesetzmäßigkeiten der passiven Energiegewinnung und der Wärmeerhaltung zur Anwendung kommen.

Allseitig transparente Standardgewächshäuser umrüsten

- Windschutz (Hecken, Strohballenwall etc. an die Nordseite setzen)
- Isolierfolie anbringen
- das Fundament wärmedämmen,
- Nordwand und evtl. Teile der Ost- und Westseite wärmedämmen,
- undichte Stellen (Wärmebrücken) beseitigen,
- Wärmespeicher einbringen.

1.17
Zu schön, um in unseren Breiten wahr zu sein: Das hühnerbeheizte Glashaus. Zeichnung: Andrew Jeeves

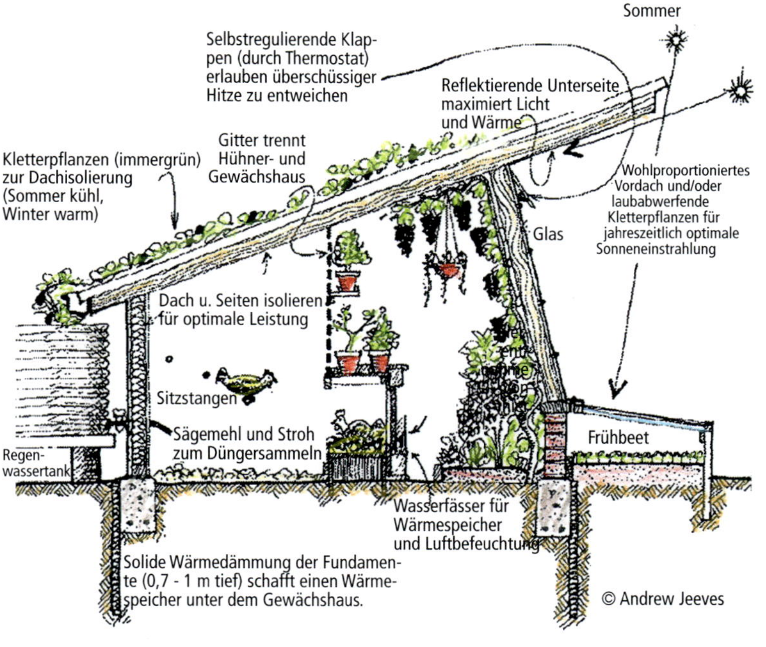

Internetfunde zum Thema hühnerbeheiztes Gewächshaus

Manfred (*www.selbstversorgerforum.de*) meinte am 1.9.2008:
„... Eine Legehenne frisst für den Eigenbedarf ca. 110 g Trockenfutter am Tag. Der Rest geht ins Ei. Wenn die Henne von den 110 g ca. 50% verwerten kann, hätte sie eine Heizenergieabgabe von ca. 0,5 x 0,11 kg x 4,7 kWh/kg (=Energieinhalt von Weizen) = 0,26 kWh. Geht man davon aus, dass die Henne 12 Stunden am Tag im Gewächshaus verbringt, also 50% ihrer Heizenergie genutzt werden, sind das ca. 0,13 kWh/Tag, entsprechend einer durchschnittlichen Heizleistung von 130 Wh/12 h = 11 Watt. Frostwächter für Mini-Gewächshäuser (maximal 4 m^2) haben ca. 200 bis 300 Watt. Man müsste also ca. 20 bis 30 Hühner auf 4 m^2 rechnen, um einen ähnlichen Effekt zu erreichen ...“

Olaf schreibt am 2.9. 2008 (*www.selbstversorgerforum.de*):
„So, ich kann ja nichts dafür, dass ich mal Landtechnik studiert habe und wir auch Wärmelastberechnungen machen mussten. Ein Huhn von 1,5 kg gibt ca. 3 W ab, pro Stunde. Eine Kerze gibt 50-200 W ab. Bevor Ihr 20 Hühner in Euer Gewächshaus sperrt, stellt doch mal eine Kerze rein und guckt, ob's wärmer wird.“

2 Das Gewächshaus als Sonnenkollektor

Gewächshäuser und Sonnenkollektoren haben gemeinsam, dass sie die Energie der Sonne so effektiv wie möglich nutzen sollen. Während beim Sonnenkollektor jedoch die Erzeugung von viel Energie bei hohen Temperaturen und bestmöglichem Wirkungsgrad angestrebt wird, sind die Verhältnisse im Gewächshaus im Hinblick auf die gewünschte Pflanzenproduktion zu optimieren: Es sollte ausreichend Licht für das Pflanzenwachstum vorhanden sein und ein möglichst ausgeglichenes Innenklima vorherrschen, d.h. nicht zu hohe Temperaturen bei Sonne und nicht zu tiefe in kalten Nächten. Trotz mancher Gemeinsamkeiten sind die Anforderungen und Ziele bei Sonnenkollektoren und Gewächshäuser also dennoch unterschiedlich.

Sonnenenergie in Deutschland

In Deutschland können wir je nach Standort mit ca. 1300 bis 1900 Sonnenstunden im Jahr rechnen. Dabei treffen in unseren Breiten (48 bis 54°) an der Erdoberfläche jährlich etwa 800 bis 1000 kWh/m² auf. Dies entspricht dem Energiegehalt von etwa 80 bis 100 l Heizöl pro Quadratmeter bestrahlter Fläche.
Die Sonnenstrahlung setzt sich aus direkten und indirekten (diffusen) Strahlen zusammen (Abb. 2.1). Die diffuse Strahlung entsteht durch Streuung der direkten Strahlung an Wolken, Staub, Nebel, Dunst usw. Ihr relativer Anteil an der Gesamtstrahlung hängt von der Witterung und dem Einfallswinkel (Tagesgang der Sonne) der Strahlung ab (Abb. 2.2). Bei klarem Himmel beträgt die eingestrahlte Leistung etwa 800 bis 1000 W/m², bei starker Bewölkung wird sie durch Absorption und Reflexion auf 50 bis 150 W/m² an der Erdoberfläche reduziert.
Die Summe aus direkter und diffuser Strahlung wird als Globalstrahlung bezeichnet. An einem trüben Tag beträgt der Anteil an diffuser Strahlung 100% und erreicht maximal

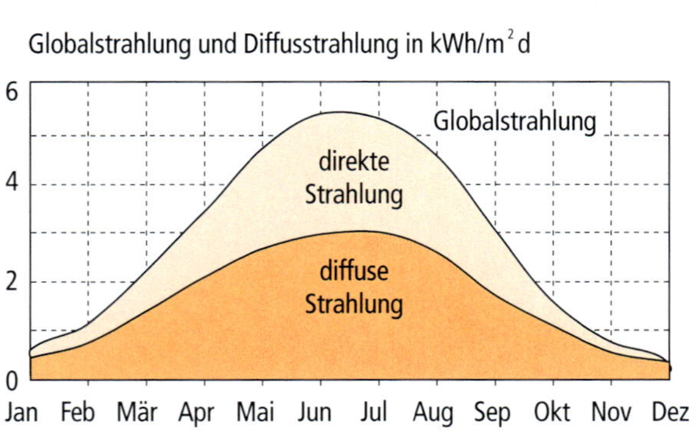

2.1
Mittlere tägliche Globalstrahlung auf waagerechte Flächen in Hamburg.

2.2
Entstehung der diffusen Strahlung durch Streuung des Lichtes an Wolken, Staub, Nebel.

400 W/m², an klaren Tagen liegt der diffuse Anteil nur bei etwa 15 bis 20% der Globalstrahlung.
In Deutschland macht der Anteil an diffuser Strahlung über das Jahr gesehen etwa die Hälfte der gesamten Sonnenenergiestrahlung aus. Daher ist es sinnvoll, Gewächshäuser so zu bauen, dass sie direkte und indirekte Strahlung gleichermaßen einlassen und nutzen und die Wärme in ihnen durch Strahlung, Leitung und Strömung (Konvektion) gesammelt, gespeichert und wieder abgegeben wird (Abb. 2.3).
Die Sonneneinstrahlung dient nicht nur dem Pflanzenwachstum, durch den sogenannten Treibhauseffekt wird sie auch zur Wärmegewinnung genutzt: Das Sonnenlicht tritt durch die transparente Abdeckung (Glas, Kunststoff) hindurch in das Gewächshaus, wo es an den Oberflächen von Körpern in Wärme umgewandelt wird. Die transparente Abdeckung verhindert nun, dass die so erzeugte Wärme durch Konvektion und Wärmestrahlung sofort wieder an die Atmosphäre abgegeben wird (Abb. 2.4).

Wärmestrahlung: Die Wärme wird durch Strahlung (elektromagnetische Wellen) übertragen, die der wärmere Körper aussendet und die der kältere Körper auffängt und absorbiert.

Wärmeleitung: Jedem Stoff ist ein spezifisches Wärmeleitvermögen zu eigen, aufgrund dessen er dem Wärmestrom einen gewissen Widerstand entgegensetzt, der von der Dicke des Stoffes, der Dauer des Durchgangs und vom Temperaturgefälle abhängt.

Wärmeströmung (Konvektion): Kommt nur bei flüssigen oder gasförmigen Stoffen vor. Die Wärme wird durch sich bewegende Stoffteilchen weitertransportiert und von diesen an eine feststehende Wandung übertragen oder umgekehrt.

2.3 Arten der Wärmeübertragung

2.4 Der Treibhauseffekt wie ihn jede(r) kennt (Zeichnung: Quelle 1)

Der Treibhauseffekt

Jeder, der in ein Auto steigt, das ein paar Stunden mit geschlossenen Fenstern in der Sonne stand, erlebt den Treibhauseffekt hautnah: Kurzwellige Sonnenstrahlung dringt durch die verglasten Flächen in das Auto ein, wird im Inneren des Autos in langwelligere Wärmestrahlung umgewandelt, die, besonders wenn die Sitze dunkel sind, erst nach und nach wieder nach draußen entweicht. So verhält es sich auch in einem Gewächshaus. Die kurzwellige Sonnenstrahlung, die in das Gewächshaus einfällt, wird dort von Materialien, wie Stein, Erde, Wasser oder Pflanzen absorbiert und in Wärmestrahlung umgewandelt, die nur langsam wieder nach draußen abgegeben wird.
„Versuche haben gezeigt, dass sich ein gänzlich ungeheiztes Gewächshaus an einem kalten aber sonnigen Wintertag bei einer Außentemperatur von nur +5°C auf +30°C aufheizt. In der Nacht wurden in dem gleichen Gewächshaus bei einer Außentemperatur von immerhin −10°C als kälteste Temperatur innen immer noch −5°C gemessen. Dieses Gewächshaus war mit 16 mm Stegdoppelplatten ausgestattet. Würde man nun noch das Fundament isolieren und das Haus mit einer Luftpolsterfolie überziehen, so würde das Gewächshaus wahrscheinlich trotz der sehr niedrigen Außentemperatur von −10°C nicht unter 0°C abkühlen – und das ganz ohne Zusatzheizung.“(Quelle 26, S.43).
Es ist anzunehmen, dass es sich bei der Beschreibung um ein Gewächshaus handelte, das *allseitig* mit Doppelstegplatten beplankt war. Mit einer massiven Rückwand versehen, würde die Abkühlung sicherlich noch geringer sein. Auch im Sommer können in einem allseitig transparenten Gewächshaus ohne ausreichende Speichermasse sehr große Temperaturdifferenzen zwischen Tag und Nacht auftreten, was das Pflanzenwachstum nicht fördert.

Sonneneinstrahlung, Wärmespeicherung und Wärmeschutz

Sonneneinstrahlung erwärmt das Gewächshaus, indem fast die gesamte einfallende Strahlung sofort in Wärme umgewandelt wird und dem Gewächshaus direkt zugute kommt (Abb. 2.5). Ist die Außentemperatur niedriger als die Temperatur im Gewächshaus, gibt das Gewächshaus die Wärme allerdings relativ schnell wieder nach außen ab, wie es bei allseitig transparenten, mit dünnwandigem Einfachglas oder Kunststoff versehenen Gewächshäusern der Fall ist. Wie viel Sonneneinstrahlung für die Klimatisierung eines Gewächshauses nutzbar gemacht werden kann, bzw. wie viel Energie verloren geht, hängt wesentlich von seiner Konstruktion ab.

Abb. 2.6 zeigt, dass bei einem einfach verglasten, in diesem Beispiel beheizten Normgewächshaus (Innentemperatur ca. +20°C bei einer Außentemperatur von –20°C) der Energieverlust über den Tag gerechnet fast dreimal so groß ist wie sein Energiegewinn durch Sonneneinstrahlung! Durch eine Doppelverglasung lässt sich der Energieverlust auch im konventionell gebauten Gewächshaus erheblich mindern, während mit einem Solargewächshaus gleicher Grundfläche sogar ein Energieüberschuss erwirtschaftet werden kann. Ein wichtiges Prinzip bei Solargewächshäusern ist deshalb, dass überschüssige Wärme entweder großflächig in massiven Bauteilen oder konzentriert in freistehenden Elementen gespeichert wird. Bei Absinken der Temperatur im Gewächshaus geben die Wärmespeicher dann durch Strahlung und Konvektion die Wärme wieder an den Raum ab und temperieren ihn. Die Umgebungswände oder das freistehende Element (z.B. eine Wassertonne) sind als thermische Speichermasse dann am wirkungsvollsten, wenn sie direkt der Sonneneinstrahlung ausgesetzt und dunkel beschichtet sind.

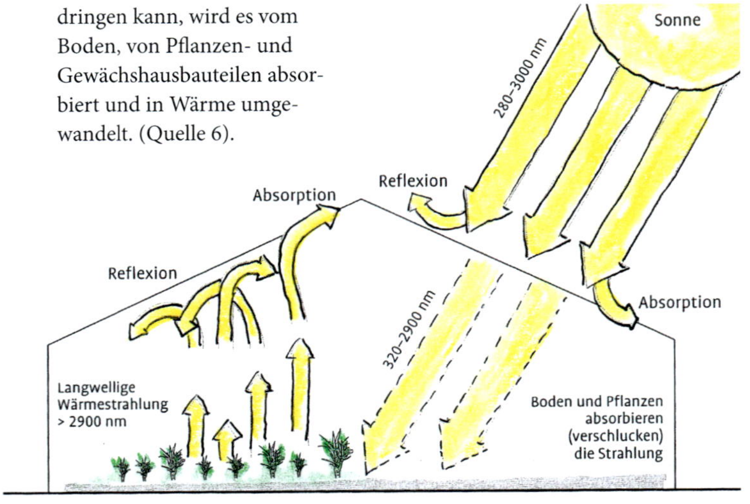

2.5
Treibhauseffekt im Gewächshaus. Wenn das sichtbare Licht in einem Wellenlängenbereich von 320 bis 2900 nm das Eindeckmaterial durchdringen kann, wird es vom Boden, von Pflanzen- und Gewächshausbauteilen absorbiert und in Wärme umgewandelt. (Quelle 6).

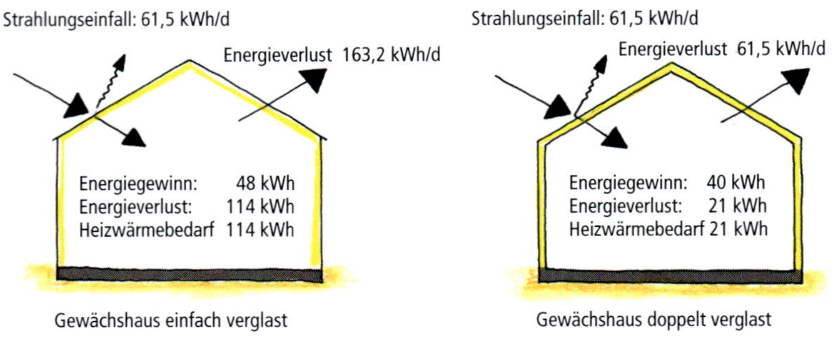

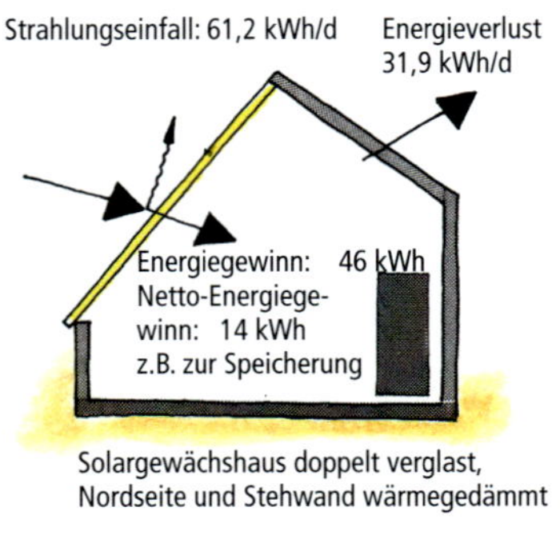

Die Energiebilanz von drei Gewächshäusern unterschiedlicher Konstruktion, jedoch gleicher Grundfläche (2,4 x 3,6 m) an einem kalten, sehr sonnigen Februartag (Außentemperatur -15°C, Gewächshausinnentemperatur ca. + 20°C) in Vermont, USA, zeigt: Während sich der Heizenergiebedarf bei dem konventionellen Gewächshaustyp durch eine Doppelverglasung zwar erheblich senken lässt, kann beim Solargewächshaus durch die optimierte Form, dem Wärmespeicher und die bessere Wärmedämmung an diesem Tag auf eine Zusatzheizung verzichtet und sogar ein Energieüberschuss erwirtschaftet werden.(Quelle 7)

2.6
Energiebilanz von drei Gewächshäusern.

Pflanzen und Licht

Gute Lichtverhältnisse sind für das Wachstum von Pflanzen von großer Bedeutung. Pflanzen haben, je nach Art, unterschiedliche Ansprüche an die Lichtintensität und bevorzugen vollsonnige, halbschattige bzw. schattige Standorte. Generell ist es für die Lichtausbeute in den Wintermonaten günstig, Gewächshäuser in Ost-West-Richtung aufzustellen. Bei einem Solargewächshaus ist das Abwägen zwischen Lichteinfall und Wärmeverlust besonders abzuwägen.
Erhalten Pflanzen zu wenig Licht, macht sich dies an langen, hellgrünen Blättern und blattarmen Trieben bemerkbar, die Pflanzen „vergeilen". Die Pflanzen strecken sich nach dem Licht, sind empfindlich und werden gerne von Pilzkrankheiten befallen. Bekommt eine Pflanzen zu viel Licht oder ist sie starker Sonneneinstrahlung ausgesetzt, „verbrennen" ihre Blätter. Pflanzen sollten deshalb je nach Lichtbedürfnis im Gewächshaus angeordnet werden und nicht zu dicht gepflanzt sein, denn sonst erhalten nur die oberen Teile Licht, so dass die Pflanzen schnell nach oben wachsen, aber keine Seitentriebe ausbilden. Im Winter wachsen Pflanzen aufgrund der niedrigen Temperaturen und verminderten Tageslichtstunden langsamer, winterharte Salate, Kräuter und Gemüse gedeihen im Gewächshaus aber gut. Während manche Zierpflanzen auch mit lichtärmeren Standorten vorliebnehmen, sind alle Gemüsepflanzen lichthungrig. Im Solargewächshaus gibt es unterschiedlich belichtete Zonen.
(Quelle 2)

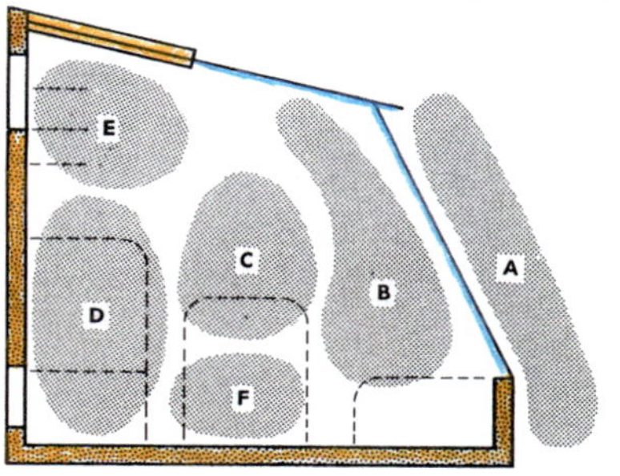

Lichtzonen im Gewächshaus und Pflanzenanbau
im Frühling/Sommer/Herbst (Quelle 2)
A Schattenspendende Pflanzen B Fruchtgemüse, Rankgewächse
C Keimlinge, Kräuter, Gemüse E Schattenliebende Pflanzen
D Pflanzen, die nicht viel Licht benötigen

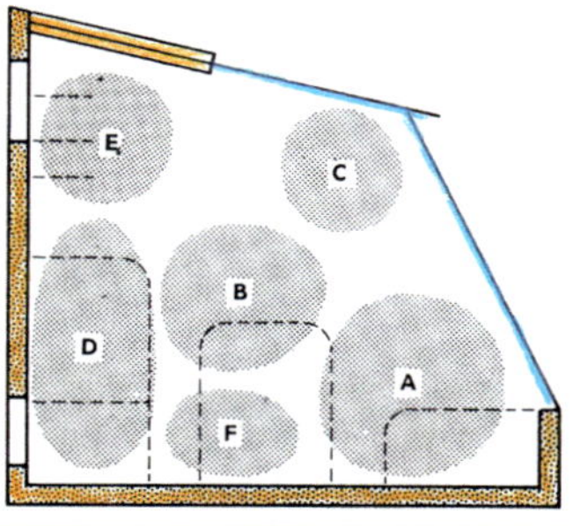

Lichtzonen im Gewächshaus im Winter
A Am hellsten und kühlsten B Hell,kühl
C Hell,warm D Hell,warm
E Wenig Licht, am wärmsten F Schattig, kühl

Bei großen transparenten Einstrahlungsflächen ist entsprechend viel thermische Speichermasse notwendig, um die beträchtlichen Wärmeverluste der Glasflächen auszugleichen. Massive Wärmespeicher nehmen allerdings, wenn sie nicht zugleich eine konstruktive Funktion haben (z.B. als tragendes Wandteil) relativ viel Fläche im Gewächshaus ein, die dann für den Anbau von Pflanzen nicht mehr zur Verfügung steht.
Massive Wärmespeicher: Eine südorientierte, massive Wand ist nicht nur konstruktiver Bestandteil passiv solarer Gewächshäuser, die Wärmestrahlung aufnimmt und speichert, sondern sie schützt das Gewächshaus auch nach Norden gegen Wärmeverluste. Die Wand kann aus Massivholz bestehen, aus Betonhohlsteinen, die mit Erde, Sand oder einem anderen speichernden Material gefüllt sind oder auch aus Ziegelmauerwerk. Günstig ist, wenn die der Sonne zugewandten Wandfläche dunkel gestrichen ist, um einen möglichst großen Strahlungsanteil zu absorbieren, der als Wärme unmittelbar gespeichert wird. Auch die Erde in und um Erdgewächshäuser speichert nicht nur Erd-, sondern auch Sonnenwärme.
Wasser-Wärmespeicher: Da ein Kubikmeter Wasser mehr als doppelt so viel Wärme speichern kann als ein Kubikmeter Mauerwerk oder Beton, ist es günstig, zur Wärmespeicherung Wasserbehälter zu verwenden. Im Prinzip verläuft die Strahlungsabsorption und die Wärme-

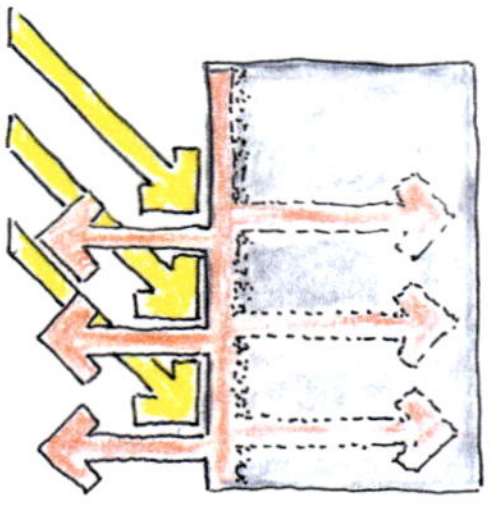

2.7
Wärmeleitung durch einen massiven Speicher.

2.8
Wärmeströmung in einem Wasserbehälter.

2.9
Sitzplatz vor einer Wärmespeicherwand aus 5-l-Kunststoffbehältern, die schwarz gestrichen und mit Wasser gefüllt sind.

abgabe bei massiven und flüssigen Speichern gleich, bis auf den Unterschied, dass Wasser die Wärme stärker durch Strömung als durch Leitung weitergibt.
Wird eine dunkel beschichtete, massive Wand der Sonneneinstrahlung ausgesetzt, heizt sich ihre Oberfläche schnell auf und gibt die Wärme langsam an das Wandinnere weiter (Abb. 2.7). So dauert es z.B. etwa 5 Stunden, bis Wärme durch ein 24 cm starkes Mauerwerk durchgeleitet worden ist.
Anders verhält es sich bei Wasser-Wärmespeichern. Das Wasser, das mit der bestrahlten Behälterwandung in Kontakt ist, erwärmt sich und steigt auf. So entsteht eine Strömung im Behälter, welche die Wärme innerhalb des Wasservolumens verteilt, wobei die Oberflächentemperatur der Wasserbehälter im Vergleich zur Oberflächentemperatur der massiven Wand sehr langsam ansteigt (Abb. 2.8).
Im Gewächshaus gibt die Speicherwand ebenso wie ein Wasserspeicher – richtige Dimensionierung vorausgesetzt – die aufgenommene Wärme erst am Abend wieder an das Gewächshausinnere ab, wenn die Temperaturen außen und innen zurückgehen und im Gewächshaus ein höherer Wärmebedarf entsteht. Damit nun die Wärme nicht schnell aus dem Gewächshaus entweicht, wie es beim einfachen, allseitig transparenten Gewächshaus von der Stange in erhöhtem Maße geschieht, ist eine doppelte Abdeckung der transparenten Fläche wichtig, ebenso ggf. eine bewegliche Wärmedämmvorrichtung, die bei Nacht die Wärmeverluste verringert.
Daneben wird die Wärmeaufnahme und –abgabe maßgeblich durch ausreichende Entlüftungs- und Verschattungsmöglichkeiten geregelt. Mit Hilfe solcher Maßnahmen kann erreicht werden, dass die Temperaturschwankungen im passivsolaren Gewächshaus weitaus geringer als im konventionellen, ganzflächig transparenten Standardgewächshaus sind.

Passivsolare Gewächshäuser: freistehend oder angelehnt

Solargewächshäuser können freistehend im Garten errichtet oder an ein Gebäude eine Wand angebaut werden (Anlehngewächshaus). Sie stehen ebenerdig oder sind zum Teil in den Boden versenkt (Erdgewächshaus).

Das freistehende Solargewächshaus

Steht genügend Gartenfläche zur Verfügung und lässt sich dort ein freistehendes Gewächshaus gut einfügen, kann es oftmals so groß gebaut werden, dass es nicht nur zur Pflanzenaufzucht genutzt wird, sondern weitere Funktionen übernimmt: Als Teepavillon in der wärmeren Jahreszeit, als wind- und regengeschützter Arbeitsplatz für Tätigkeiten am Tisch oder einfach als Rückzugsort, um in angenehmer Umgebung Gedanken und Träumen nachgehen zu können.

Frei stehendes Solargewächshaus mit Steinspeicher

Dieses Gewächshaus wurde von der Rodale Research Farm in Pennsylvania, USA entworfen und gebaut.

„Die Erbauer gingen von folgender Erkenntnis aus, die sich inzwischen im Betrieb der ersten Generation von frei stehenden Solargewächshäusern ergeben hat: Für optimale Gemüseerträge sind nicht Lufttemperaturen im Gewächshaus, sondern die Bodentemperaturen der Pflanzbeete entscheidend. Um genügend Licht im Gewächshaus zu erhalten, sollte die verglaste Fläche das 11/2fache der Grundfläche ausmachen. Das Problem der Überhitzung bei derart viel Einstrahlungsfläche muss einmal durch genügend große Lüftungsöffnungen gelöst werden, andererseits durch Wärmespeichermassen, die jedoch die Lichtmenge im Gewächshaus (etwa durch dunkles Anstreichen von Wasserbehältern) nicht vermindern dürfen.

Die Lösung besteht darin, die Beete über einem Steinspeicher anzuordnen, der nach unten und außen hin wärmegedämmt ist und durch dessen oberen Teil ein perforiertes Plastikrohr verlegt ist. Dieses Rohr ragt an der Innenseite der Nordwand aus dem Speicher heraus und reicht bis in den oberen Giebel des Solargewächshauses, wo sich die erwärmte Luft ansammelt. Ein durch Thermostat kontrolliertes Gebläse drückt die warme Luft nach unten, durch den oberen Teil des Steinspeichers, wo sie unmittelbar durch die Perforierung in die Beeterde aufsteigt und die Temperaturen in der Wurzelzone der Pflanzen erhöht. Wurzelzonentemperierung ist die wirksamste Form der Gewächshausheizung. Ein Teil der Warmluft wird vom Steinspeicher aufgenommen und mit Zeitverzögerung nachts im Gewächshaus langsam abgegeben. Diese Anordnung der Wärmespeicher konkurriert nicht mehr mit den Pflanzflächen um den begrenzten Gewächshaus-Innenraum und absorbiert keinerlei Licht. Das Rodale-Team erntete in diesem nur 2,4 m x 5,4 m großen Solargewächshaus kontinuierlich innerhalb von 12 Monaten insgesamt 135 kg frisches Gemüse ohne weitere Zusatzbeheizung.

Der an der Nordseite angebaute geräumige Windfangeingang bietet Platz für Gartengeräte, Pikier- und Umtopftische und stellt eine Pufferzone gegen kalte Winterwinde dar.

Die Erbauer haben eine Lebensdauer von 25 Jahren für dieses Gewächshaus zugrunde gelegt. Bei dem feuchtwarmen Gewächshausklima müssen dazu erhebliche Anstrengungen für die Haltbarkeit der Bauteile unternommen werden. Rodale empfiehlt, unter das Erdniveau versenkte Bauteile aus Steinen mit Außendämmung zu mauern und *alle* tragenden und innenliegenden Holzteile so massiv und gründlich mit Holzschutzmitteln zu imprägnieren, wie es normalerweise nur für Holzteile im Kontakt mit feuchter Erde nötig ist. Als Wärmedämmung in den doppelschaligen Wänden hat sich Glas- und Mineralwolle nicht bewährt, da die feuchte Gewächshausluft ihren Weg sogar durch Dampfsperren in das Wandinnere findet, was die Isolierwirkung solcher Dämmung erheblich verringert. Feuchtigkeitsunempfindliche, extrudierte Dämmplatten (Polystyrol, Polyurethan) sind hier die beste Lösung."

(Quelle 28)

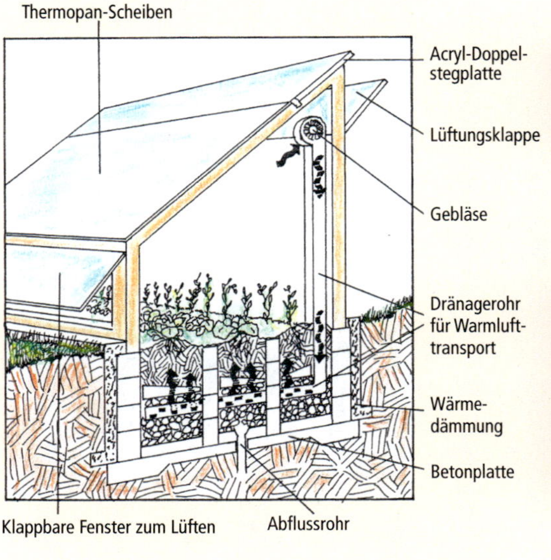

2.10
Erdgewächshaus, in einen Hang gebaut.
(Quelle 8)

Vorteile eines freistehenden Gewächshauses:

- Es ist gewöhnlich leicht möglich, Gewächshauser südorientiert aufzustellen, um möglichst viel Sonneneinstrahlung zu empfangen.
- Die Baukonstruktion muss – anders als üblicherweise beim angelehnten Gewächshaus - nicht an die Architektur des Hauses angeglichen werden, der Bau kann einfacher und kostengünstiger sein.
- In den meisten Fällen ist keine Baugenehmigung erforderlich.

Bei der Lage und Orientierung des freistehenden Gewächshauses gilt es zu beachten:

- Um ein Optimum an winterlichem Strahleneinfall zu erhalten, ist eine Ost-West-Orientierung (Richtung des Dachfirstes) am günstigsten (siehe auch Kap.3).
- Windreiche, ungeschützte Lagen auf Anhöhen sollten vermieden werden, da die Energieverluste bei steigender Windgeschwindigkeit stark zunehmen.
- Die Nordwand des Gewächshauses sollte gut wärmegedämmt sein, ein Windschutzgürtel durch Hecken etc. ist zudem günstig, um Wärmeverluste zu mindern.

Das solare Erdgewächshaus

Bei Erdgewächshäusern ist ein Teil der Stehwände in die Erde versenkt (Abb. 2.10). In das tiefergelegte Innere gelangt man über eine Treppe oder Rampe. Links und rechts von der Treppe stützen Mäuerchen oder Holzpalisaden gegen den Erddruck ab. Das die Wände des Gewächshauses umgebende Erdpolster wirkt sich vorteilhaft auf seinen Wärmehaushalt aus, ein Erdgewächshaus hat dadurch geringere Wärmeverluste als ein ebenerdig freistehendes Gewächshaus. Erdgewächshäuser sind aber nur sinnvoll, wenn es die Bodenverhältnisse (kein hoher Grundwasserspiegel am Standort) zulassen und auf eine gute Entwässerung geachtet wird. Durch den größeren Anteil nicht transparenter Flächen ist der Lichteinfall allerdings geringer

2.11
Freistehendes Erdgewächshaus (Baubeschreibung siehe S. 104 ff.)

2.12
Einfaches Anlehngewächshaus.

als bei ebenerdigen Solargewächshäusern, was in der einstrahlungsarmen Jahreszeit Einbußen bei der Pflanzenproduktion bringt.
Auch bei Erdgewächshäusern sollten die erdberührten Bauteile wärmegedämmt werden. Oftmals bestehen falsche Vorstellungen hinsichtlich der Temperaturverhältnisse im Erdreich, die oftmals schon in geringer Bodentiefe als niedrig und vor allem als gleichbleibend angenommen werden (siehe Abb. 4.11, S. 36).

Erdgewächshäuser und Regenwasser

Anfang des 20. Jahrhunderts waren Erdgewächshäuser eine gebräuchliche Bauform und zur Überwinterung klein bleibender Pflanzen wie Kakteen oder alpiner Pflanzen beliebt. Ganz wichtig beim Erdgewächshaus ist eine gut funktionierende Entwässerung, da sonst bei starken Regenfällen sich der Eingangsbereich mit Wasser füllt. Sinnvoll ist auch, wenn möglich, den Eingangsbereich zu überdachen, um das Regenwasser abzuleiten.

Das angelehnte Solargewächshaus

Wird ein Gewächshaus an die Süd-, Südost- oder Südwestseite eines Gebäudes angebaut, bietet es sich an, dass die Außenwand des Wohngebäudes zugleich die Wärmespeicherwand des Gewächshauses ist. Das an die Trennwand zum Wohnbereich angelehnte Gewächshaus bildet so eine vorgelagerte Pufferzone, wobei durch die gemeinsame Trennwand Gewächshaus wie auch der Wohnbereich von den Wärmegewinnen und -verlusten des jeweils anderen anliegenden Raumes profitieren (Abb. 2.12 und 2.13). Das Anlehngewächshaus erwärmt sich direkt durch die Sonneneinstrahlung, der dahinterliegende Wohnbereich wird indirekt durch Wärmestrahlung, -Leitung und Konvektion durch die gemeinsame Speicherwand mittemperiert. Der Übergang vom Anlehngewächshaus zum Wintergarten (Abb. 2.14) ist dabei fließend. Über die klassischen unbeheizten Wintergärten und die beheizten Ganzglas-Wohnraumerweiterungen neueren Datums gibt es genügend Literatur, sie sollen hier nicht weiter behandelt werden. Die thermische Leistungsfähigkeit ei-

2.13
Anlehngewächshaus (Baubeschreibung siehe S. 76 ff.)

2.14
Angebauter Wintergarten

2.15
Im vorgelagerten Pflanzenbeet gedeihen Tomaten neben einem romantischen Sitzplatz (Quelle 32).

nes Anlehngewächshauses ist nicht zwangsläufig von seiner architektonischen Qualität und dem damit verbundenen Kostenaufwand abhängig. Da eine ästhetisch befriedigende Anpassung an das Wohngebäude in der Regel aber gewünscht ist, und das Anlehngewächshaus gewöhnlich zumindest zeitweise auch als Aufenthaltsort dient, kann seine Anschaffung leicht das Vielfache eines freistehenden, zur Pflanzenaufzucht ebenso gut funktionierenden Gewächshauses kosten.
Auch hier gilt natürlich, dass das Anlehngewächshaus am besten an der Südseite des Wohngebäudes vorgebaut wird.

3 Gewächshausplanung

Je größer ein Gewächshaus ist, desto besser kommt der Treibhauseffekt (siehe S. 15) zum Tragen. Als Faustregel gilt, dass für freistehende kleine Gewächshäuser Außenabmessungen im Verhältnis 2:1:1 (Länge : Breite : Höhe) günstig sind.

Um Gemüse anzubauen, sollte die Grundfläche möglichst nicht weniger als 8 m² betragen. Ein größeres Gewächshaus bietet natürlich mehr Spielraum, auch um Pflanzen zu überwintern.

Zweckmäßigerweise führt im Gewächshaus ein Weg von der Tür (meist in der Seitenwand) zur gegenüberliegenden Seite. Rechts und links von diesem Weg befinden sich dann die Beete. Um die Beete bequem bewirtschaften zu können, ist eine Tiefe von 70 cm bis 80 cm günstig, mindestens ebenso breit sollte der Weg dazwischen sein. Zu bedenken ist, dass bei der Arbeit mit Rechen, Grabegabel etc. genügend Raum sein muss, um nicht an einer Begrenzung anzustoßen.

Zur Höhe: Natürlich sollte es auf jeden Fall möglich sein, im Gewächshaus zu arbeiten, ohne sich bücken zu müssen. Pflanzen brauchen Luft um sich herum, ein Mindestabstand großwüchsiger Pflanzen von 30 cm bis zum Dach ist notwendig. Somit ergibt sich eine Höhe von mehr als 2 m – dann ist einerseits ausreichend Luftraum vorhanden und andererseits müssen hochwachsende Pflanzen nicht vorzeitig gekappt werden.

Türen sollten stabil gebaut sein, damit sie dauerhaft verwindungssteif sind und dicht schließen. Günstig ist, wenn sie sich nach außen öffnen lassen. Eine Türbreite von mindestens 75 cm erlaubt es, auch mit einer Schubkarre bequem durchzugehen.

Sonderfall Erdgewächshaus: Da der Zugang in ein Erdgewächshaus nicht ebenerdig ist, bietet es sich an, ihn als Rampe statt als Treppe zu bauen, so ist das Gewächshaus ebenfalls mit der Schubkarre erreichbar.

Belichtung durch die Ost- und Westwände?

Die Pflanzen im Gewächshaus brauchen nicht nur Licht von Süden, sondern auch Licht von der Seite für ein gesundes Pflanzenwachstum. Eine transparente Ostwand ist günstiger als eine transparente Westwand, da die Temperatur im Gewächshaus bei östlicher Verglasung sich morgens nach einer kalten Winternacht schneller erwärmt, während die sommerliche Einstrahlung von der Westseite eher dazu führt, dass es zu warm für die Pflanzen wird.

Gemüse im Gewächshaus

„Wählen Sie wegen der im Gewächshaus immer knappen Pflanzfläche solche Gemüse aus, bei denen fast alles essbar ist. Also statt Blumenkohl, dessen halbe Masse aus nicht verwendbaren Blättern besteht, lieber Spitzkohl, der ganz genossen wird: Statt Erbsen mit all ihren ungenießbaren Stängel- und Blattmassen lieber Rote Bete, deren Knolle und Kraut (letzteres wie Spinat gekocht) essbar sind; statt Kopfsalat lieber Pflücksalat, der über lange Zeit geerntet wird. Enorm platzsparend sind alle hochrankenden Gemüse wie Gurken, Melonen, Bohnen und Tomaten“ (Quelle 28).

Überwinterung von Pflanzen im Gewächshaus

Im frostgeschützten Gewächshaus können auch empfindlichere Pflanzen überwintern, die nicht oder nur geringfügigen Frost vertragen, wie z.B.:

Agave, Akazie (Mimose), Bambus, Bleiwurz, Bougainvillea, Bubikopf, Canna, Engelstrompete, Erdbeerbaum, Eukalyptus, Feigenkaktus, Feige, Flaschenputzer, Fuchsie, Geldbaum, Hibiskus, japanische Wollmispel, Kakipflaume, Kamelie, Loorbeer, Oleander, Passionsblume, Pelargonie (Geranie), Rosmarin, Schönmalve, Silbereiche, Simse, Wandelröschen, Wein, Jucca, Timmerlinde, Zitrusgewächse (Quelle 32).

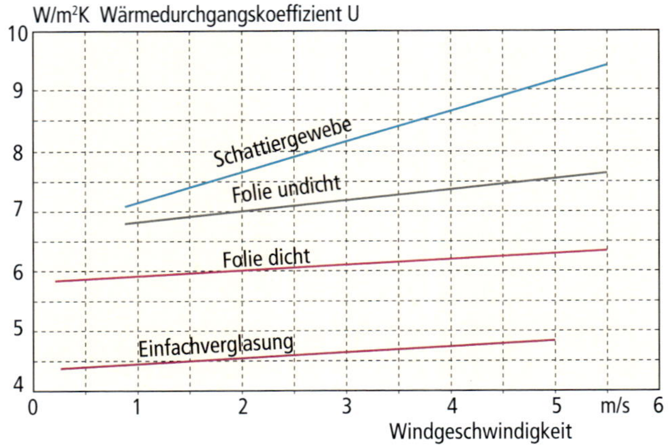

3.1
Wärmeverlust von Gewächshäusern mit Glas oder Kunststoffabdeckung in Abhängigkeit von der Windgeschwindigkeit (Quelle 9)

3.2
Abstand von Objekten, um Minderung der Strahlungsmenge zu vermeiden (nach Quelle 36).

Die Durchgangshöhe von Türen sollte nicht unter 1,8 m liegen. Vorteilhaft sind Flügeltüren. Schiebetüren sind platzsparend, auf die Dauer aber nur dann erfreulich, wenn sie leichtgängig sind und die Lauf- und Führungsschiene stabil und vor Verschmutzung geschützt ist. Die Tür kann auch zu Lüftungszwecken dienen und im Sommer bei geöffneter Tür Warmluft abführen, im Frühjahr und an schönen Herbsttagen Warmluft einlassen. Hier leisten in der Höhe zweigeteilte Türen gute Dienste, auch, um unerwünschten tierischen Gästen den Zugang in das Gewächshaus zu erschweren. Alle Fenster und sonstige Lüftungsöffnungen müssen stabil sein und dicht schließen.

Zur Planung: Selbstbau macht viel Spaß, kann aber auch sehr frustrierend sein. Zum Beispiel dann, wenn zugesägte Teile doch nicht zusammenpassen, wenn die Schrauben ausgegangen sind und der nächste Baumarkt nicht um die Ecke liegt, oder wenn Freunde und Nachbarn Wetten abschließen, wie lange es dauern wird, bis der Bau zusammenfällt. Solche Unliebsamkeiten lassen sich durch eine umsichtige Planung vor dem Baubeginn weitgehend vermeiden. Es ist gar nicht möglich, zu detailliert zu planen! Gute Planung kann die Bauzeit erheblich verkürzen. Am besten alle Ansichten maßstäblich zeichnen, mit Detailzeichnungen der Knotenpunkte, des konstruktiven Auf- und Zusammenbaus der Materialien, sowie der Fenster und Türen. Um möglichst wenig Materialverschnitt zu haben, sollte man sich vorher über übliche Abmessungen informieren und versuchen, diese Maße in der Planung zu berücksichtigen. Werden Recyclingmaterialien eingesetzt, macht es Sinn, die Maße des Gewächshauses an deren Abmessung anzupassen.

Wie gut sich ein Gewächshaus durch Nutzung der Sonnenenergie ohne Zusatzheizung klimatisieren lässt, hängt von mehreren Faktoren ab, die bei der Gewächshausplanung berücksichtigt werden sollten:

- Wahl des Standortes,
- Orientierung des Gewächshauses,
- bauliche Ausführung,
- Neigung der transparenten Fläche.

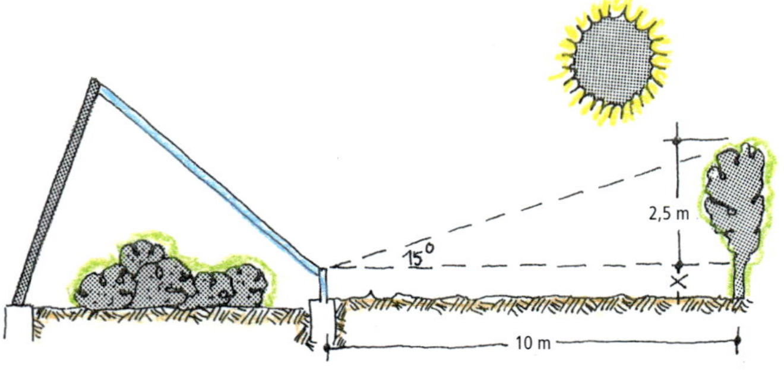

Standort

Bei einem *freistehenden* Gewächshaus gibt es bei der Standortwahl eine Reihe von Gesichtspunkten zu berücksichtigen. So soll es sich harmonisch in den Garten und seine Gestaltung einfügen und nach Möglichkeit auch nicht allzu weit vom

Haus entfernt liegen, wenn im Gewächshaus Gemüse angepflanzt wird. Der Standort eines *angelehnten* Gewächshauses wiederum ist, vor allem wenn es nachträglich gebaut wird, oftmals das Ergebnis eines Kompromisses, bei dem Faktoren wie günstige Himmelsrichtung, natürliche und bebaute Umgebung, architektonische und funktionale Anpassung an das Gebäude gleichermaßen zu berücksichtigen sind.
In der Praxis wird es daher nicht immer möglich sein, alle nachfolgend aufgeführten Planungshinweise für ein energieoptimiertes Gewächshaus (Standort, Orientierung, Neigungswinkel etc.) mit den eigenen Wünschen und den baulichen Möglichkeiten in Einklang zu bringen:

- Für das Gewächshaus ist eine möglichst windgeschütze Lage zu wählen, da der Energieverlust eines Gewächshauses mit steigender Windgeschwindigkeit stark ansteigt. Abb. 3.1 zeigt den Wärmeverlust von Gewächshäusern mit unterschiedlicher Abdeckung in Abhängigkeit von der Windgeschwindigkeit. Auch ein Windschutzgürtel aus immergrüner, dichter Bepflanzung hilft, die Wärmeverluste zu vermindern.
- Es ist darauf zu achten, dass bestehende Bepflanzung, Gebäude etc. das Gewächshaus nicht verschatten.

Nach einer Untersuchung von Szokoly (Quelle 36) verursachen Hindernisse in beliebigen Himmelsrichtungen bis zu einem Höhenwinkel von 10°, in südlicher Richtung bis 15°, keine nennenswerte Minderung der einfallenden Strahlungsmenge. Diese Winkel müssen an der Unterkante der transparenten Fläche gemessen werden. Bei einem Winkel von 15° darf die Höhe eines eventuellen Hindernisses (gemessen von der Unterkante der Einstrahlungsfläche) ein Viertel seiner Distanz nicht überschreiten (Abb. 3.2).

Orientierung

Die Lage der transparenten Fläche zur Himmelsrichtung bestimmt wesentlich den für das Pflanzenwachstum und den Energieertrag maßgeblichen Strahlungseinfall in das Gewächshaus. Schulze (Quelle 37) untersuchte den Lichteinfall in deutschen Normgewächshäusern (Standort Hannover) mit 20° und 30° Dachneigungswinkel bei Nord-Süd-Aufstellung (Firstrichtung) und bei Ost-West-Aufstellung für verschiedene Tages- und Jahreszeiten (Tab. 3.4). Wie die Tabelle zeigt, ermöglicht die O-W-Aufstellung im Winter einen höheren Lichteinfall als die N-S-Aufstellung. Die Prozentzahlen geben dabei das Verhältnis der Lichtmenge im Gewächshaus zur Lichtmenge im Freiland an. Die Werte über 100%, die anzeigen, dass im Gewächshaus mehr Licht auf den Boden fällt als

3.3 Schlechte Lage – gute Lage

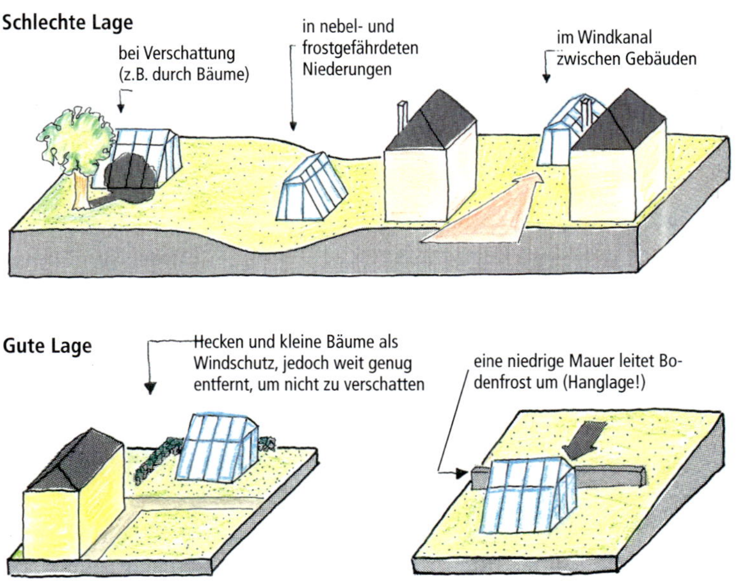

Erläuterung des Reflexionseffektes, durch den bei bestimmten Sonnenständen auf den Gewächshausboden mehr Licht fallen kann als im Freiland.

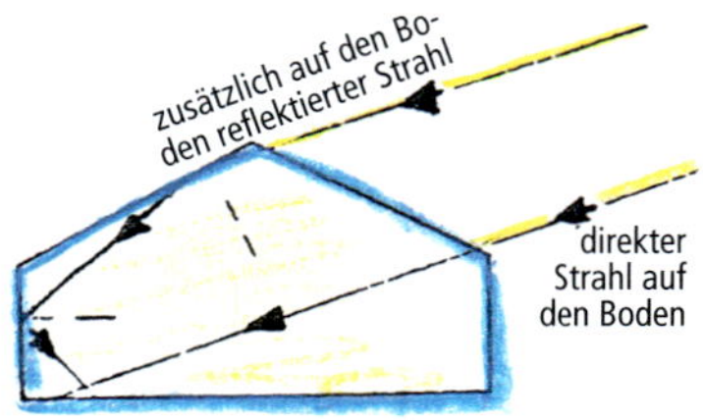

		Nord-Süd-Aufstellung		Ost-West-Aufstellung	
Datum	Uhrzeit	Haus mit 20°	Haus mit 30°	Haus mit 20°	Haus mit 30°
17.12	12	77,0	80,1	92,6	94,3
	10	88,6	93,0	95,1	99,2
	9	103,1	126,0	105,5	120,9
22.3 23.9	12	84,1	82,8	87,9	89,0
	10	83,8	85,6	86,3	87,5
	8	87,5	89,3	81,6	83,6
	7	96,4	103,0	87,4	88,3
20.6	12	87,5	86,7	86,4	86,1
	10	85,9	84,5	85,9	84,6
	8	87,6	87,9	83,5	82,5
	6	88,7	90,7	77,4	79,9
	5	95,2	101,1	87,9	91,0

3.4
Lichteinfall in % in Gewächshäusern mit 20° und 30° Dachneigungswinkel bei Nord-Süd- und Ost-West-Aufstellung für verschiedene Jahres- und Tageszeiten. (Quelle 10)

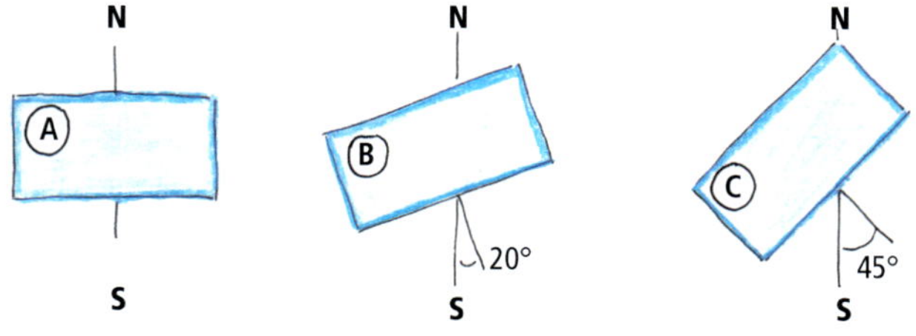

A = Gewächshaus exakt südorientiert

B = Gewächshaus bis 20° Abweichung nach Ost oder West, Strahlungsverlust: 4 – 5% direkter Sonneneinstrahlung

C = Gewächshaus bis 45% Abweichung von Süden, Strahlungsverlust: 18% an direkter Sonneneinstrahlung bei einem Neigungswinkel von 35°. Bei einem Neigungswinkel von 60° 22% direkte Einstrahlungsverluste.

3.5 Orientierung des Gewächshauses und Strahlungsverluste

im Freiland, lassen sich so erklären, dass der Lichtstrom bei niedrigen Sonnenständen von den gegenüber liegenden Dachseiten auf den Gewächshausboden reflektiert wird, so dass dort der Lichtstrom größer als im Freiland werden kann.
Das Gewächshaus in N-S-Richtung hat im Sommer, das Haus in O-W-Richtung im Winter einen höheren Lichteinfall. Nach McCullagh (Quelle 3) ist in Gewächshäusern mit einer Dachneigung von 45°-60° bis 20°Abweichung von der Südrichtung (nach Ost oder West) die Einstrahlung nur um 4-5% niedriger als bei einer reinen Südorientierung. Bei Abweichungen um 45°beträgt der Verlust an direkter Einstrahlung schon etwa 20%. Da sich in unseren Breiten die Globalstrahlung jedoch zu einem größeren Teil aus diffuser Strahlung zusammensetzt als in den USA, werden die Strahlungseinbußen etwas geringer sein. So lässt sich sagen, dass eine Abweichung bis 15° nach Ost oder West den Strahlungseinfall nur unwesentlich beeinträchtigt. Für das Pflanzenwachstum ist eine Orientierung des Gewächshauses nach Osten (Morgensonne) einer Westorientierung vorzuziehen.

Bauliche Ausführung

Eine richtige Dimensionierung und die sorgfältige Ausführung aller Bauteile sind ausschlaggebend dafür, wie gut ein Solargewächshaus seine Funktion erfüllt. Im Kapitel 4 werden ausführlich die wichtigsten Komponenten beschrieben.

Diese sind

- wärmegedämmtes Fundament (Seite 32)
- guter Feuchtigkeitsschutz für erdberührte Bauteile (Seite 34)

- statisch ausreichend dimensionierte Tragkonstruktion(Seite 37 ff.)
- möglichst doppelwandige transparente Abdeckung (Seite 49)
- Elemente zur Wärmspeicherung (Seite 54)
- ausreichend groß dimensionierte Be- und Entlüftungsöffnungen (Seite 58)
- Schattiervorrichtung (Seite 60)
- wärmedämmte, nichttransparente Wände, temporärer Wärmeschutz (Seite 62)

Neigungswinkel der transparenten Fläche

Nicht die gesamte Sonneneinstrahlung, die auf die transparente Fläche auftritt, gelangt in das Gewächshaus. Ein Teil der Strahlung wird vom Bedachungsmaterial und von der Tragkonstruktion absorbiert, ein weiterer Teil reflektiert.

Die Lichtabsorption der Verglasung hängt vom verwendeten Material und seiner Stärke ab. Der Einfallswinkel der Strahlung - er ist der Winkel, den die Sonnenstrahlen mit der transparenten Fläche bilden (Abb. 3.6) - bestimmt im Wesentlichen die Stärke der Reflexion.

Zum Beispiel beträgt die mittlere Durchlässigkeit einer Scheibe Klarglas, 4 mm dick, für sichtbares Licht (Wellenlänge zwischen 0,4 und 0,75 µm) etwa 90% bei senkrechtem Lichteinfall. Die Lichtdurchlässigkeit wird schlechter, wenn das Licht nicht senkrecht, sondern schräg auftritt. Denn mit zunehmendem Einfallswinkel steigt die Reflexion an der Vorderseite des Glases und die Lichtdurchlässigkeit nimmt ab. Sie beträgt bei 80° Einfallswinkel (bei waagerechter Verglasung stünde die Sonne 10° über dem Horizont) nur noch 60% (Quelle 10).

Die Sonne steht im Winter flach über dem Horizont und im Sommer hoch. Da eine gute Einstrahlung besonders im Winter anzustreben ist, ist ein Neigungswinkel der lichtdurchlässigen Fläche zwischen 50° und 60° optimal. Eine Faustregel besagt, dass der Neigungswinkel um etwa 10° größer sein sollte als der Breitengrad des Ortes (Breitengrad z.B. Obersdorf im Allgäu 47°, in Flensburg 54°). Ein paar Grad mehr oder weniger sind aber sicherlich nicht so entscheidend. In der Praxis wird sich ein Kompromiss oftmals nicht vermeiden lassen, zumindest für ein angelehntes Gewächshaus, dessen Dachneigung auch nach der Stockwerkshöhe bzw. nach der Dachanschlusshöhe bemessen werden muss. Typische Formen von Anlehngewächshäusern unterscheiden sich

- in ihrer Eignung, die angebotene Strahlung optimal aufzunehmen,
- in ihren Möglichkeiten, die überbaute Grundfläche gut zu nutzen (Stehhöhe) und
- in ihrem baulichen Aufwand für die Tragkonstruktion und das Verglasungssystem.

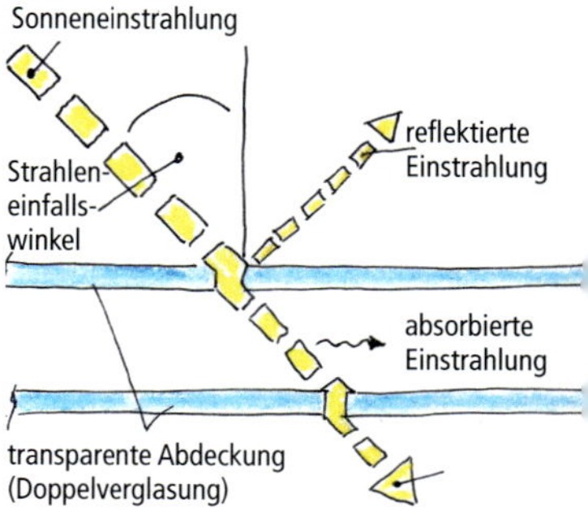

3.6
Vorgänge beim Durchgang von Sonneneinstrahlung (Transmnission) durch eine Doppelverglasung

Das Gewächshaus als Winterlager für Gemüse und Kübelpflanzen

Ein unbeheiztes Gewächshaus bietet im Winter, wenn das Gewächshaus nicht mehr üppig bepflanzt ist und Anbauflächen frei sind, einen guten Platz als Gemüselager. Möhren, Kohl, Porree, Sellerie und andere Gemüsearten, die tiefe Temperaturen vertragen, werden in Kisten und Eimern geschichtet und die Zwischenräume mit Erde oder Sand ausgefüllt bzw. in den Beeten eingegraben und mit einer dicken Schicht Stroh abgedeckt. Bei Minusgraden im Gewächshaus wird das Lager auch außen mit Strohmatten abgedeckt bzw. die Temperatur mit einer temporären Heizung (Kerzen, Frostwächter) über der Frostgrenze gehalten. An sonnigen Wintertagen mit verhältnismäßig hoher Einstrahlung wird das Gewächshaus gelüftet.
Auch Kübelpflanzen können von freien Stellen im Gewächshaus während der Winterzeit profitieren, wenn Frostfreiheit gewährleistet ist. Wichtig ist, dass bei allen Pflanzen vor dem Einwintern kranke und abgestorbene Pflanzenteile entfernt werden, damit keine Krankheiten oder Schädlinge eingeschleppt werden.

A

Lichteinfall bei 50° bis 60° Innenwinkel sehr gut.

Raumnutzung: Im vorderen Bereich schlecht, hohe Firstlinie

Konstruktiver Aufwand: Gering, statisch einfaches System, größere Gewächshäuser statisch nur schwer zu realisieren

B

Lichteinfall: Gut, durch gutes Verhältnis Oberfläche/Volumen geringe Wärmeverluste

Raumnutzung: Mäßig bis gut

Konstruktiver Aufwand: Relativ aufwendig, Bogenbinder erforderlich, sie können z.B. aus Nut- und Federbrettern (Nut-u.Feder abgesägt) formverleimt werden. Als transparente Abdekkung sind nur flexible Kunststoffe geeignet.

C

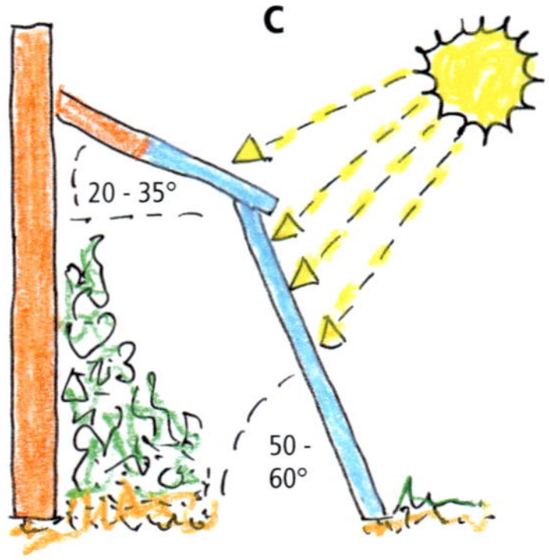

Lichteinfall: Sehr gut, wenn die Stehwandneigung 50° bis 60° und der Dachneigungswinkel zwischen 20° und 35° beträgt..

Raumnutzung: Gut

Konstruktiver Aufwand: Schwieriger zu bauen als A, D, und E

D

Lichteinfall: Stehwand für den Lichteinfall nicht ganz optimal. Durch die Wärmedämmung des oberen Teiles des Daches geringere Wärmeverluste.

Raumnutzung: Sehr gut, Randbereich begehbar

Konstruktiver Aufwand: Recht leicht zu bauen, Fenster und Türen im Stehwandbereich sehr gut realisierbar.

E

Lichteinfall: Gut, wenn der Neigungswinkel der verglasten Fläche 50° bis 60° beträgt.

Raumnutzung: Sehr gut, Randbereich gut nutzbar. Reicht das Gewächshaus bis unter die Frostgrenze, kann der Raum im Winter ohne bzw. mit einfachen zusätzlichen Maßnahmen frostfrei gehalten werden.

Konstruktiver Aufwand: Recht leicht zu bauen, aufwendige Erdarbeiten, eine gute Entwässerung verdient besondere Beachtung.

F

Lichteinfall: Gut, Schattenwurf durch äußere Tragkonstruktion und evtl. durch Begrünung der Balken im Sommer.

Raumnutzung: Gut, bei niedriger Stehwand Randbereich nicht begehbar.

Konstruktiver Aufwand: Trennung von Tragkonstruktion und Verglasungssystem bedingt erhöhten Aufwand; sehr geringe Holzquerschnitte beim Verglasungssystem möglich.

3.7 Formen von Anlehngewächshäusern

Aufgrund der Raumhöhe (eingeschossig) und der Neigungswinkel ist allen skizzierten Lösungen (Abb. 3.7) gemeinsam, dass sie ein Verhältnis Grundfläche zu transparenter Fläche von etwa 1:1,5 haben. Dieses Verhältnis hat sich in amerikanischen Computersimulationsrechnungen als besonders günstig herausgestellt (Optimierung der Energiebilanz: Strahlungsgewinne minus Wärmeverluste bei guter Raumnutzung)

Senkrechte Stehwände sind leichter zu verglasen, zu verschatten, zu entlüften und auch wärmezudämmen als geneigte Stehwände. Sowohl bei geneigter wie auch senkrechter Stehwand sollte die Neigung der Dachanschlussfläche mindestens 20° betragen, damit Regen, Schnee und Verschmutzungen gut abgleiten können.

Bauvorschriften

So zeitaufwendig und unerfreulich der Umgang mit Behörden auch sein kann, ist es doch ratsam, sich vor dem Bau eines Gewächshauses bei der zuständigen Bauaufsichtsbehörde über die Vorschriften zu informieren.

In Deutschland gibt es für Hobbygewächshäuser keine einheitlichen Bauvorschriften. Das Bauordnungsrecht liegt in der Hand der Bundesländer und wird in den jeweiligen Landesbauordnungen (LBO) geregelt. Die Bestimmungen werden in den Bundesländern unterschiedlich gehandhabt, die jeweiligen Landesbauordnungen können wiederum durch Verordnungen der örtlichen Behörden ergänzt werden.

In Kleingartenanlagen mit ihren eigenen Richtlinien sind Gewächshäuser oftmals nur bis zu einer Grundflächengröße von 6 oder 8 m^2 erlaubt.

Anzeigen- und genehmigungsfrei sind *freistehende* Gewächshäuser in vielen Bundesländern, wenn ihr Brutto-Rauminhalt unter 30 m^3 liegt, eine bestimmte Firsthöhe (oftmals 3 m) nicht überschritten, und der vorgeschriebene Mindestgrenz- und Gebäudeabstand (Abstand des Gewächshauses zur Grundstücksgrenze) eingehalten wird. Der Gebäudeabstand (Abstand des Gewächshauses zum nächsten festen Bauwerk) darf in den meisten Bundesländern 3 m nicht unterschreiten (Ausnahmen sind zulässig).

An Gebäude *angelehnte* Gewächshäuser sind in der Regel genehmigungspflichtige Bauvorhaben, ebenso Gewächshäuser, die auch als ständiger Aufenthaltsraum dienen, oder in denen sich eine Feuerstelle befindet.

Auskunft darüber, ob das geplante Gewächshaus genehmigungsfrei ist, erhält man bei der zuständigen Baubehörde, d.h. in den Landkreisen bei den Landratsämtern, in den Städten bei den Bauämtern. Auch empfiehlt es sich, schon vor dem Bau mit den Nachbarn zu sprechen, um zu vermeiden, dass diese sich durch die optische Veränderung auf dem Nachbargrundstück gestört fühlen könnten.

Typische Frühjahrskulturen im unbeheizten Gewächshaus					
Gemüse	**Aussaat, Vorkultur**	**Pflanzung**	**Pflanzen/m², Abstand**	**Ernte**	**Bemerkungen**
Kohlrabi	Februar	Anfang April	12 (30 x 30 cm)	Mai	schossfeste Früh- bzw. Spätsorten verwenden
Lauchzwiebel	Febr. (Steckzwiebel)	--	10 x 1 cm	März - April	auch kleine Küchenzwiebeln können gesteckt werden
Radieschen	ab Anf. März	--	100 (10 x 10 cm)	April - Mai	Früh- bzw. Treibsorten verwenden
Rettich	Ende Febr. – Anf. März	Mai	20 (25 x 20 cm)	Juni - Juli	Treibsorten verwenden, Vorkultur auch auf der Fensterbank möglich
Kopfsalate	Ende Febr. – März, 12 – 15 °C	Ende März - April	12 – 16, je nach Sorte	Ende April - Mai	mehltauresistente Sorten für Frühanbau verwenden; Schnittsalat: Direktsaat mit 12 cm Reihenabstand
Spinat	ab Ende Januar	--	15 x 2 cm	Januar - März	mehltauresistente Sorten; am besten am Abend eines sonnigen tages ernten , dann niedriger Nitratgehalt
Rukola	Februar – Oktober	--	15 x 1 cm	April - Dezember	im Winter am besten am Abend eines sonnigen Tages ernten, dann niedriger Nitratgehalt
Typische Sommerkulturen im unbeheizten Gewächshaus					
Aubergine	Anf. März, 22 – 25 °C	Mitte bis Ende Mai	je nach Sorte 2 – 4	Ende Juli - September	nahrhafte, humose Erde; Pflanzen sind sehr wärmebedürftig
Basilikum	Anf. März – August, 18 – 25°C	ab Mitte April	je nach Sorte 5 – 9	ab 6 Wochen nach Aussaat	Lichtkeimer; nahrhafter Boden und Sonne, viel gießen; nicht einzelne Blätter, ganze Triebspitzen ernten
Chili und Paprika	Anf. März, 18 – 25°C	Anf. bis Mitte Mai	niedrige: 10 – 15 hohe Sorten 4 – 8	Juli - November	mittelschwerer, humoser Boden, Sonne, viel Luft; keine Staunässe
Melone (Zucker-)	Ende März – Anf. April, 25 – 28 °C	Mitte bis Ende Mai	2	ab Mitte August	nahrhafter, humoser Boden, keine Staunässe; mit Pinsel bestäuben; an Schnüren, Stäben aufleiten
Salatgurke	Anf. April, 18 – 25 °C	Mitte Mai	2	Juli - Oktober	nahrhafter, humoser Boden, keine Staunässe, veredelte Gurken sind welkeresistent
Tomate	Mitte März, 18 – 25°C	ab Ende April	2 - 3	Juli - Oktober	humoser, nahrhafter, luftiger Boden, keine Staunässe, an Schnüren oder Stäben ziehen
Typische Herbst- und Winterkulturen im unbeheizten Gewächshaus					
Endivie	August (im Freiland oder Frühbeet)	Ende September	16 (25 x 25 cm)	Januar - Februar	resistente Sorten wählen, im Herbst viel lüften
Feldsalat	September - Oktober	--	breitwürfig säen oder 10 x 3 cm	Dezember - März	abends an sonnigen Tag ernten, so ist der Nitratgehalt der Blätter niedrig
Kohlrabi	Juli im Freiland oder Frühbeet	Mitte August	12 (30 x 30 cm)	Oktober	Sorten für den Frühanbau wählen
Kubaspinat, Winterportulak	September - Oktober	--	10 x 2 cm	Dezember - März	keimt wie Feldsalat bei 2 – 12 °C, nicht bei höheren Temperaturen, deshalb viel lüften
Petersilie	August - September	Oktober – November	30 (25 x 10 cm)	Februar - April	keimt langsam
Radieschen	bis 20. September	--	100 (10 x 10 cm)	Oktober	Treibsorten verwenden
Spinat	Ende September – Oktober	--	15 x 2 cm	Januar - März	mehltauresistente Wintersorten verwenden

3.8 Typische Kulturen von Januar bis Dezember im unbeheizten Gewächshaus (Quelle 24).

4 Bauteile eines Gewächshauses

Fundament

Das Fundament hat die Aufgabe, eine Basis für das Gewächshaus zu schaffen, die Lasten auf den Baugrund zu übertragen und seine Standsicherheit zu gewährleisten. Für Gewächshäuser sind Streifenfundamente oder Einzelfundamente (Punktfundamente) üblich.
Gewöhnlich werden dauerhafte Bauten bis unterhalb der Frostgrenze gegründet, also je nach Gegend 80 bis 100 cm tief, damit eine Bewegung und Zerstörung des Bauwerkes durch Auffrieren ausgeschlossen werden kann. Bei Gewächshäusern am Hang werden solche Fundamente abgetreppt, um eine frostfreie Gründungstiefe von 80 bis 100 cm einhalten zu können.

Bei kleinen, leichten Gewächshäusern (vor allem, wenn sie nicht dauerhaft an einem Platz stehen sollen), ist es auch möglich, sie auf ein Ringfundament aus Betonplatten (bzw. Rand- oder Bordsteinen) zu stellen, das wiederum auf einer 30 bis 40 cm tiefen Kiesschicht als Dränage liegt. Die Kiesschicht schützt vor aufsteigender Bodenfeuchtigkeit, da Erdfeuchte immer aus den grobporigen in die feinporigen Schichten eindringt (nie umgekehrt).
Bevor das Fundament gelegt werden kann, werden genaue Lage und Ausrichtung der Gewächshauswände in den Baugrund eingemessen. Ein einfaches Verfahren zur Gewächshauseinmessung ist unten beschrieben.

Einmessen des Baugrundes

Um die Lage eines Bauwerks im Gelände exakt festlegen zu können, gibt es eine recht einfache Methode:
Die Länge und die Breite des Gewächshauses werden auf dem vorgesehenen ebenen Baugrund grob abgesteckt. In etwa einem Meter Abstand um die äußeren Eckpunkte wird jeweils ein Schnurgerüst aufgestellt (unten). Dort, wo später die Außenwand des Gewächshauses an die Hauswand stoßen soll, werden Haken in die Hauswand eingeschlagen und zwar in gleicher Höhe wie die Oberkante des Schnurgerüstes (mit der Schlauchwaage kontrollieren). Wie die Abbildung zeigt, werden nun die späteren Außenkanten des Gewächshauses durch gespannte Schnüre dargestellt, die mit Hilfe von Maßband, Schlauchwaage und einem großen, rechtwinkligen Dreieck (z.B. aus Dachlatten so zusammengenagelt, dass sich ein Seitenverhältnis der Längen des Dreiecks von 3:4:5 ergibt). Die Schnüre sind rechtwinklig zueinander gespannt, wenn die Länge der Diagonalen AC und DB übereinstimmen. Die Eckpunkte des Gewächshauses werden durch die Schnittpunkte zweier Schnüre angegeben. Mit Hilfe eines Senkbleis lassen sich die Schnittpunkte, welche die Gewächshausbegrenzung darstellen, auf den Boden übertragen.
Schlauchwaage: Sollen 2 weit auseinander liegende Punkte auf eine Höhe gebracht werden, kann ein mit Wasser gefüllter transparenter Kunststoffschlauch als Maß benutzt werden. Diese Methode erscheint improvisiert, sie ist jedoch sehr genau. Ein Ende des Schlauches wird in der vorgesehenen Höhe an den ersten Punkt gehalten, das andere Ende an den zweiten Punkt. Wenn keine Luftblasen im Schlauch sind (kontrollieren), befinden sich die durch die Höhe des Wasserspiegels markierten Punkte auf einer Ebene.

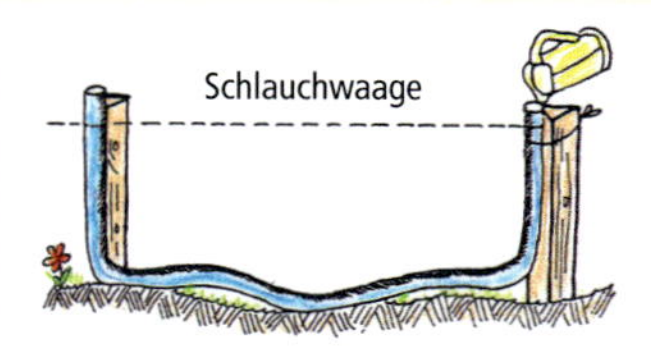

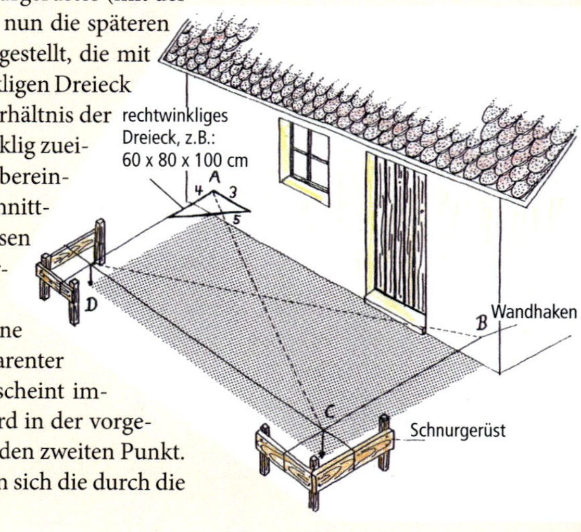

Wärmegedämmtes Streifenfundament

Das Fundament sollte an den Außenseiten wärmegedämmt werden, um Wärmeverluste des Gewächshauses an das Erdreich zu vermeiden. Dies ist mit Dämmplatten möglich, die außen ringsherum vor das Fundament in den Fundamentgraben vertikal eingestellt werden (Abb. 4.1).
Die notwendige Stärke eines Fundaments ist im Wesentlichen durch die Bodenbeschaffenheit (Abb. 4.2) und der zu tragenden Last bestimmt. Im allgemeinen ist eine Fundamentbreite von 20 bis 30 cm für Kleingewächshäuser völlig ausreichend. Entsprechend der Gewächshausabmessung wird der Fundamentgraben 80 – 100 cm tief ausgehoben (Erdreich steilwandig abstechen), eine mindestens 6 bis 10 cm starke, feuchtigkeitsbeständige Hartschaum-Wärmedämmschicht (z.B. Styrodur- oder Polyurethanschaumplatte) vertikal eingelegt und der Graben mit Beton oder Mauerziegeln bzw. Betonhohlblocksteinen verfüllt. Fundamente aus Mauerziegeln werden mit hydraulischen Kalk vermauert. Als Mauerziegel sollten Klinker oder Vormauerziegel (VMZ) benutzt werden, da gewöhnliche Mauerziegel MZ 100 und Z 150 nicht feuchtigkeitsbeständig sind. Fundamente aus Beton lassen sich z.B. aus einer Mischung von einem Raumteil Zement und 8 Raumteilen Sand und Kies herstellen, wobei als Zuschlagstoff Steinbrocken hinzugegeben werden kann. Dort, wo sich der Boden senkrecht ausschachten lässt, kann auf eine Einschalung der Betonfundamente verzichtet werden. Anderenfalls werden auch innen Hartschaumplatten in den Graben gestellt, die dann als verlorene Schalung dienen.
Bei Fundamenten an Hanglagen ist in der Regel der gedämmte Betonstreifen als Sperrschicht nicht ausreichend, wenn von oben Hangwasser anfällt. Hier sollte vor der Wärmedämmung eine Kiesschicht eingebracht werden, in die unten ein Dränagerohr zur besseren Wasserabführung verlegt wird (Abb. 4.3 und 4.4). Die Dränrohre aus Kunststoff werden aneinander gereiht und mit Gefälle verlegt.
Es ist vorteilhaft, das Fundament oberhalb der Erde noch ein Stück weit als Sockel zu verlängern. Da der Sockel nicht nur dem von den Wänden abfließenden Regenwasser, sondern auch Spritzwasser und auf dem Erdreich liegendem Schnee sowie Bodenfrost ausgesetzt ist, sollte er geschützt werden: Günstig ist Mauerwerk mit einer wetterbestän-

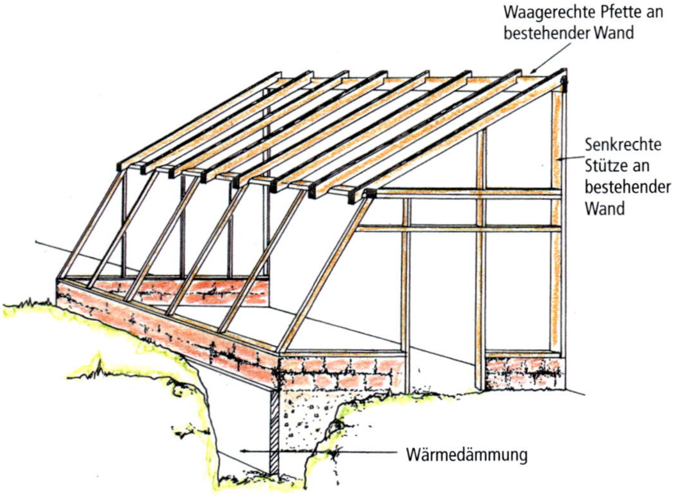

4.1 Wärmegedämmtes Streifenfundament.

Guter Baugrund 3 – 30 kg/cm²	Mittelmäßiger Baugrund 1,5 – 3 kg/cm²	Schlechter Baugrund 0 – 1,5 kg/cm²
Fels Kies, Kiessand Grobsand Trockenton Lehm, Mergel	Feinsand Mittelsand Feuchter Ton Feuchter Lehm Feuchter Mergel	Muttererde Löß, Lehm Knollenmergel Torf, Moorerde Aufgeschl. Baugrund

4.2 Tragfähigkeit verschiedener Böden (Quelle 11)

digen, wasserabweisenden Schicht (z.B. Zementputz) bis Spritzwasserhöhe (mindestens 30 cm über Gelände) feuchtebeständig auszuführen. Es empfiehlt sich, auch den Sockel wärmezudämmen. Ist dies nicht erwünscht oder nur schwer möglich, können z.B. auch, je nach Himmelsrichtung, ein dicker Erdwall oder ein davorgesetztes Frühbeet gegen Wärmeverluste helfen.

Weiterhin ist es zweckmäßig, den oberen Abschluss des Sockels nach außen abzuschrägen, damit Regenwasser abfließen kann. Auf den Sockel wird dann entweder eine durchlaufende Grundschwelle aufgesetzt, die mit dem Fundament verschraubt wird, oder die Stützen des Gewächshauses werden unmittelbar über entsprechende, im Fundament eingelassene Stahlanker mit der Unterkonstruktion verbunden.

Auch bei den kleinen und leichten Gewächshäusern (im gemieteten Garten, in der Kleingartenanlage), die auf einem Fundamentrahmen aus Betonplatten und auf einer 30 bis 40 cm starken Dränageschicht aus frostbeständigem Material (Schotter, Kies) aufliegen, ist eine außenliegende Wärmedämmung vor den Betonplatten sinnvoll (Abb. 4.5), wenn auch durch deren geringe Tiefe die Wärmeverluste an das umgebende Erdreich größer sind.

Einzel- und Punktfundamente

Einzel- oder Punktfundamente erfordern in der Regel einen weitaus geringeren Material- und Arbeitsaufwand als Streifenfundamente. Soll der Gewächshausboden wärmegedämmt sein, ist der Arbeitsaufwand für den 80 bis 100 cm tiefen Graben ringsherum, in den die Wärmedämmung gestellt wird, allerdings nicht zu vermeiden.

Punktfundamente ohne Wärmedämmung sind als Kompromiss da sinnvoll, wo am Gelände so wenig wie möglich verändert (z.B. in einer Situation als Mieter) und wo das Gewächshaus vielleicht in absehbarer Zeit wieder komplett demontiert werden soll. Als dauerhafte(re) Lösung ist in jedem Fall aber ein solide wärmegedämmtes Fundament vorzuziehen.

Betonpunktfundament: Die Anzahl der Punktfundamente ist von der Größe des Gewächshauses abhängig. Nachdem der Baugrund geebnet und vermessen worden ist, werden am einfachsten Betonrohre (z.B. mit 20 cm Durchmesser, 100 cm lang) oder KG-Rohre (Kanal-Grund-Rohre aus Kunststoff) in die ausgeschach-

4.3 *links*
Wärmegedämmtes Fundament mit Dränagerohr.

4.4 *rechts*
Wärmegedämmtes Fundament und Anschluss der Verglasung.

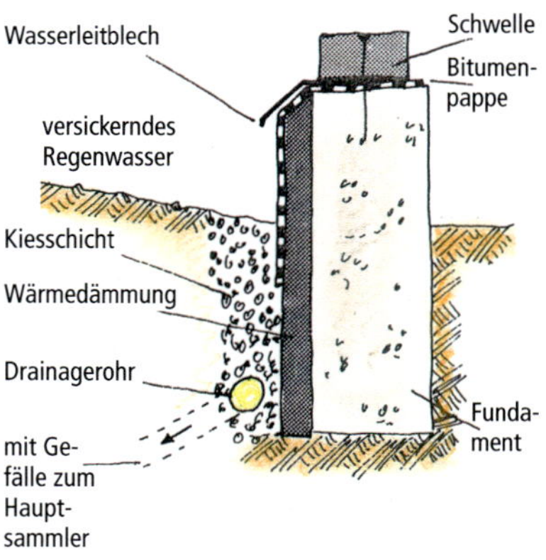

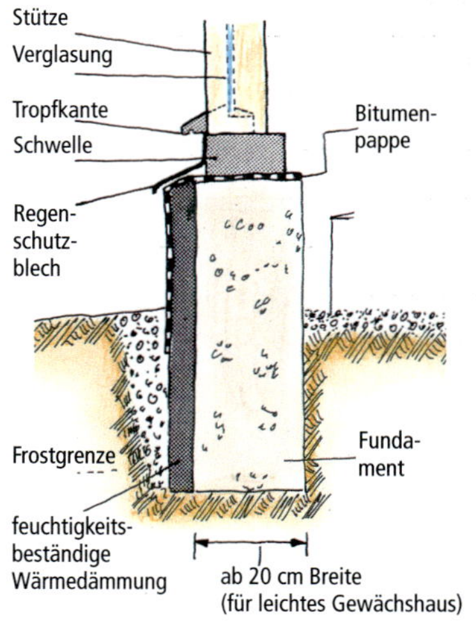

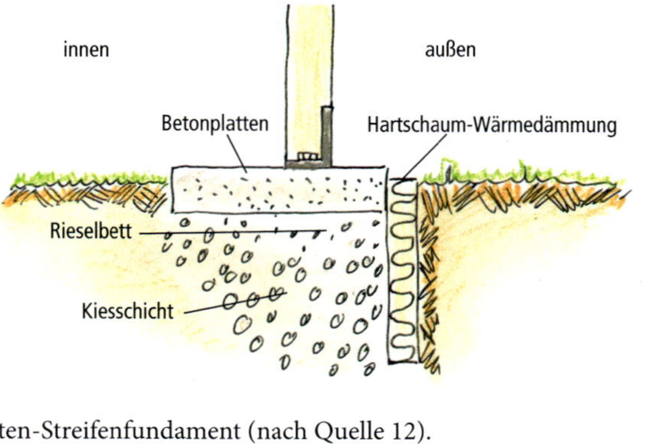

4.5 Betonplatten-Streifenfundament (nach Quelle 12).

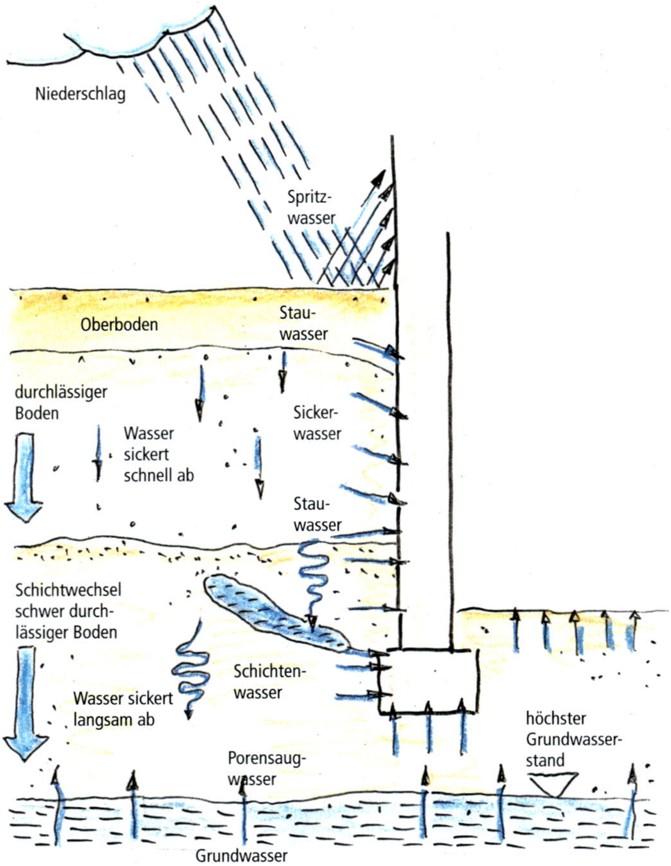

4.6 Feuchtigkeit im Boden (Quelle 13).

4.7
Versickerndes Wasser in nichtbindigem Boden (Quelle 14).

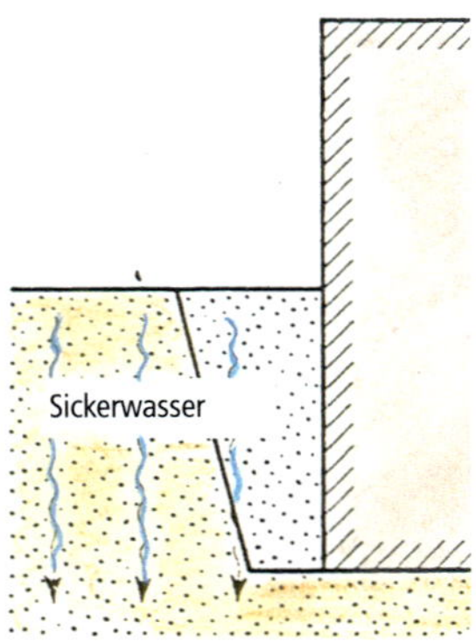

4.8
Stauwasserbildung vor dem Fundament bei bindigem Boden (Quelle 14).

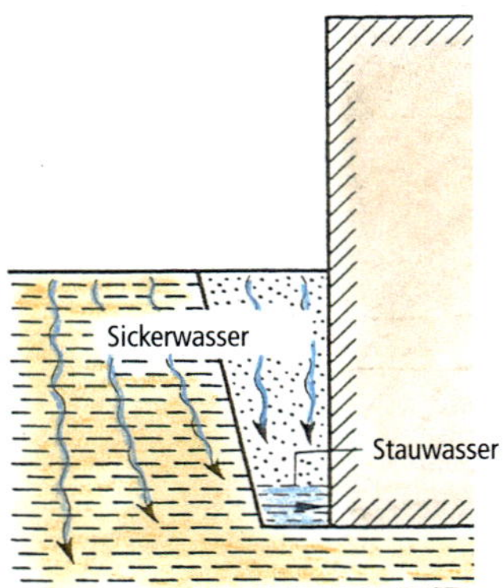

teten Fundamentlöcher gesetzt und mit Beton verfüllt, wobei eingelassene Stahllaschen den Anschluss der Tragkonstruktion über der Erde ermöglichen.

Feuchtigkeitsschutz für erdberührte Bauteile

Die erdberührten Bauteile von Gewächshäusern sind verschiedenen Feuchtigkeitseinwirkungen ausgesetzt (Abb. 4.6). Prinzipiell lassen sich folgende Beanspruchungen unterscheiden:

- Bodenfeuchtigkeit und nicht stauendes Sickerwasser (bei gut durchlässigen Böden)
- kurzzeitig in geringen Mengen stauendes Sickerwasser (bei weniger durchlässigen Böden)
- langanhaltend in größeren Mengen sich stauendes Sickerwasser (bei undurchlässigen Böden)
- Grundwasser

Je stärker die Bauteile im Erdreich von Feuchtigkeitseinwirkungen beansprucht werden, desto aufwendiger muss ihre Abdichtung sein. Die Bodenverhältnisse und den Grundwasserstand am künftigen Standort eines Gewächshauses zu kennen ist hilfreich, besonders wenn das Gewächshaus teilweise in die Erde eingegraben werden soll. Amtliche Informationen über Grundwasserstände und Bodenqualitäten können über das zuständige Bauamt oder über das Amt für Wasserwirtschaft erfahren werden. Dabei wird sich herausstellen, ob *nichtbindige* Böden (Kies und Sand) oder *bindige* Böden (Ton, Lehm, Mergel) vorliegen.
Nur bei nichtbindigen Böden besteht keine Gefahr durch Stauwasser, da das Niederschlagwasser senkrecht versickern kann (Abb. 4.7). Bei den

häufiger anzutreffenden bindigen Böden und bei Hanglagen muss immer angenommen werden, dass sich zumindest kurzzeitig Wasser an den erdberührten Bauteilen staut (Abb. 4.8), so dass in jedem Fall eine Dränage (siehe unten) zu empfehlen ist. Bei wirklich gut durchlässigen Böden wie Kies und Sand kann ggf. auch auf die Dränage verzichtet werden, sofern kein Grundwasser ansteht. Bei hohem Grundwasserstand oder dauerhaft anfallendem Sickerwasser (z.B. in Hanglagen) sollte vom Bau eines Erdgewächshauses besser Abstand genommen werden.

Dränage

Bei Erdgewächshäusern besteht die Gefahr, dass bei lang anhaltenden Niederschlägen das Wasser allmählich auch in den Innenraum gelangt (z.B. über die Abtreppung im Zugangsbereich). Hier muss die Dränage dafür sorgen, dass das Wasser rings um das Fundament möglichst schnell abfließen kann und die Bildung von Stauwasser vor und im Gewächshaus vermieden wird. Die Ringdränage, wichtigstes Funktionselement im Dränsystem, ist eine Rohrleitung, die üblicherweise das gesamte Bauwerk im Gründungsbereich lückenlos umschließt und anfallendes Wasser abführt (Abb. 4.9). Dränrohre haben gewöhnlich einen Durchmesser von 80 oder 100 mm und werden als geschlitzte Kunststoffschläuche angeboten. Das Dränrohr sollte mit seinem Scheitel an der höchsten Stelle nicht über die Oberkante des Fundamentes geführt werden und mit seinem Tiefpunkt nicht unterhalb des Fundamentes liegen, denn sonst könnte ja das Fundament unterspült werden. (Abb. 4.10). An den Knickpunkten der Dränage – also an den Ecken – werden zur Kontrolle und Reinigung senkrechte Rohre eingebaut, deren obere Rohröffnung durch handelsübliche Abdeckklappen verschlossen wird. So kann das Dränagesystem mit einem Gartenschlauch durchspült und eingeschwemmte Ablagerungen entfernt werden. Wichtig ist, dass das im Dränsystem gesammelte Wasser mit mindestens 1% Gefälle der Regenwasser-Kanalisation oder einem Sickerschacht zugeleitet wird. Befindet sich ein Teich in der Nähe des Gewächshauses, bietet es sich natürlich an, dass das Dränagesammelrohr (mit Gefälle) in ihn mündet. Die Dränrohre werden, oftmals mit Filtervlies umwickelt, allseits in eine filterstabile Sickerschicht aus Grobkies eingebettet.

Wird keine Ringdränage gebaut, sollte bei Erdgewächshäusern am Fuß der Treppe ein Bodenabfluss mit Anschluss an die Entwässerung vor-

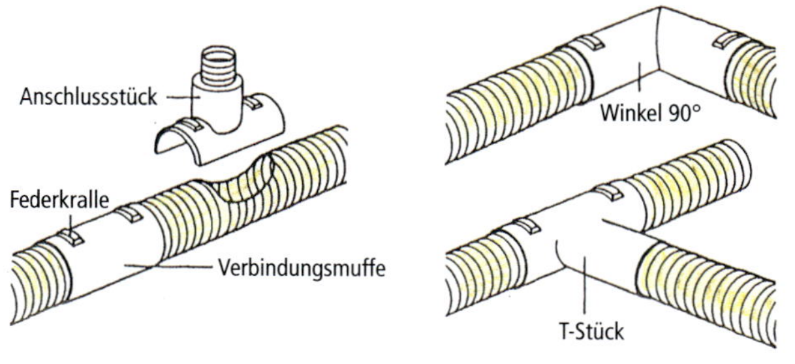

4.9 Verbindungen der Dränagerohre (Quelle 15).

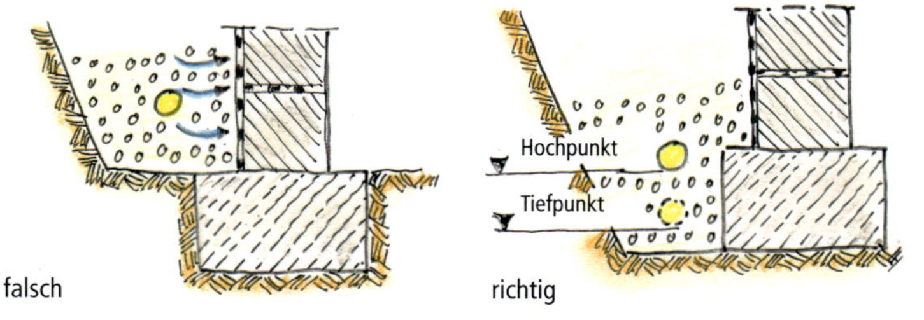

4.10
Höhenlage der Ringränage und Sickerschicht (Quelle 14).

gesehen werden, bzw. dieser Bereich eine dicke Kiesschicht erhalten („Kiesdränage“), damit Regenwasser schnell versickern kann. Und natürlich machen Erdgewächshäuser nur an Standorten Freude, an denen der Grundwasserpegel nicht hoch ist. Gewächshäuser sollten auch mit einer Regenrinne versehen werden, um das Niederschlagswasser vom Gewächshaus und dessen Fundament abzuleiten. Das Regenwasser kann vorteilhaft als Gießwasser dienen (siehe Baubeispiel S. 83 ff.) und/oder in das Innere des Gewächshauses geleitet werden und dort in einer Tonne darüber hinaus zur Wärmespeicherung genutzt werden (siehe Baubeispiel S. 93 ff.).

Erde als Dämmung und Wärmequelle

Erde, wenn sie nicht nass ist, hat gewisse wärmedämmende Eigenschaften, auch wenn die Dämmwirkung längst nicht so effektiv ist wie ein Wärmedämmstoff (60 cm trockene Erde entsprechen etwa der Wärmedämmung einer 2,5 cm dicken Hartschaumdämmschicht). Zudem gibt es einen konstanten Wärmefluss aus dem Erdinneren an die Erdoberfläche. Die Temperatur im Erdreich beträgt in einer Tiefe von 300 m konstant etwa 20°C.

Temperaturen im Erdreich: Die Temperatur des Erdreichs bis zu etwa 20 m Tiefe wird fast ausschließlich durch die klimatischen Verhältnisse an der Erdoberfläche bestimmt. Erst in größeren Tiefen bewirkt aus dem Erdinneren aufsteigende Wärme in Abständen von ca. 30 m eine Erhöhung der Erdreichtemperatur um 1°C. Die mittlere Erdreichtemperatur in Deutschland (gemessen am Standort Potsdam) in einer Tiefe von 12 m entspricht der mittleren Jahresaußentemperatur von etwa 10°C. Zur Oberfläche hin wird die Erdreichtemperatur in zunehmendem Maße von den jahreszeitlichen und täglichen Temperaturschwankungen der Atmosphäre beeinflusst (Abb. 4.11). Mit einem angeschütteten Erdwall allein ist es deshalb nicht möglich, die Wärme aus dem Erdreich für das

4.11
Bodentemperaturen in °C in 2 cm, 50 cm, 1 m und 12 m Tiefe (Quelle 16).

Monat	Monatsmittelwert Bodentemperatur (°C) in 2 cm Tiefe (1894 - 2006)			Monatsmittelwert Bodentemperatur (°C) in 50 cm Tiefe (1894 - 2006)			Monatsmittelwert Bodentemperatur (°C) in 1 m Tiefe (1894 - 2006)			Monatsmittelwert Bodentemperatur (°C) in 12 m Tiefe (1894 - 2010)		
	tiefster Wert in °C	mittlerer Wert in °C	höchster Wert in °C	tiefster Wert in °C	mittlerer Wert in °C	höchster Wert in °C	tiefster Wert in °C	mittlerer Wert in °C	höchster Wert in °C	tiefster Wert in °C	mittlerer Wert in °C	höchster Wert in °C
Januar	- 8,10	- 0,92	3,64	- 4,20	0,80	4,54	- 0,32	2,40	5,42	9,58	10,07	10,97
Februar	-8,67	0,09	4,69	- 5,66	0,86	4,28	- 1,19	1,97	4,60	9,61	10,09	11,03
März	0,35	4,16	8,92	- 0,60	3,50	6,88	- 0,44	3,54	6,69	9,55	10,03	10,92
April	6,15	10,13	16,46	5,10	8,69	12,77	4,60	7,72	11,38	9,38	9,90	10,78
Mai	11,85	17,00	23,41	10,30	14,72	18,85	9,11	12,93	17,53	9,24	9,74	10,64
Juni	16,37	20,89	26,84	13,73	18,81	23,02	13,00	17,00	21,15	9,10	9,58	10,48
Juli	17,37	22,30	29,99	16,93	20,61	25,55	16,15	19,12	23,84	8,99	9,47	10,40
August	16,20	20,79	25,73	16,15	20,00	24,45	15,83	19,24	23,53	8,92	9,45	10,33
September	11,08	15,77	19,71	11,85	16,11	19,51	13,02	16,41	19,43	8,98	9,51	10,44
Oktober	5,34	9,30	12,77	7,24	10,58	13,56	8,88	11,89	14,37	9,12	9,65	10,58
November	0,08	3,58	6,85	2,22	5,37	7,90	4,82	7,20	9,34	9,29	9,82	10,70
Dezember	- 4,69	0,21	4,12	- 1,56	2,22	5,32	1,28	3,98	6,46	9,46	9,98	10,92

Gewächshaus zu nutzen, sondern er wirkt nur als Isolierung gegen die Einwirkung der Kälte aus den oberen Bodenschichten. So ist es auch bei einem Erdgewächshaus sinnvoll, die erdberührten Bauteile zusätzlich wärmezudämmen, damit das Gewächshaus tatsächlich von der Erdwärme profitieren kann (wobei dicke Holzstämme durchaus wärmedämmen, 20 cm starkes Holz hat die Dämmfähigkeit eines 6 cm starken Dämmstoffes der Wärmeleitfähigkeitsgruppe 040). Unterhalb der Frostgrenze, die je nach Gegend bis zu einer Tiefe von 80 bis zu 100 cm reicht, kann man davon ausgehen, dass die Temperatur im Boden nicht unter 0°C sinkt (siehe Abb. 4.11).

Tragkonstruktion

Bis vor etlichen Jahrzehnten war Holz das am häufigsten eingesetzte Konstruktionsmaterial im Gewächshausbau. Mit dem Aufkommen korrosionsgeschützter Profile aus Stahl- und Aluminiumlegierungen ging die Verwendung von Holz erheblich zurück.

Nachteile von Holzkonstruktionen:

- Holzbauteile müssen wegen ihrer statischen Tragfähigkeit stärker als Metallprofile dimensioniert werden. Das vermindert die Lichtdurchlässigkeit der Außenhülle, verbunden mit einer größeren Schattenwirkung.
- Die Konstruktionsmaterialien sind im Gewächshaus durch wechselnde Temperaturen und Feuchtigkeitseinwirkungen stark beansprucht. Außen und innen können sehr unterschiedliche Temperaturen auftreten, denen die Baustoffe gleichermaßen ausgesetzt sind.
- Holz leidet unter Witterungseinflüssen stärker als Metall, da es pflanzlicher Herkunft ist und dem biologischen Kreislauf unterliegt. Die Lebensdauer von Holzbauteilen in Gewächshäusern wird maßgeblich davon bestimmt, dass das richtige Holz ausgewählt und fachgerecht verbaut wurde, sowie evtl. zusätzlich die Oberflächen regelmäßig behandelt werden.
- Bei Gewächshäusern aus Holz sind alle Teile, die wenig Abstand zur Erde haben, besonders verrottungsgefährdet. Neben dem Kontakt mit feuchter Erde, Spritzwasser von außen, kann auch Kondenswasser, das im Inneren entsteht, zur Durchfeuchtung des

4.12
Haltbarkeit der Feuerverzinkung auf Stahlbauteilen. (Quelle 17)

4.13
Energieaufwand zur Herstellung von Baustoffen. (Quelle 18)

Zinkauflage g/m²	Schichtdicke µm	Lebensdauer in Jahren			
		Landluft	Seeluft	Stadtluft	Industrieluft
280	40	43 – 20	18 – 6	15 – 7	--
560	80		33 – 11	28 – 13	14 – 7
700	100		41 – 14	35 – 16	18 – 9

Energieaufwand zur Herstellung von Baustoffen

Ausgehend von einem gleichen Energieaufwand (z.B. 1000 $kWh_{thermisch}$) lassen sich, je nach Art des Rohmaterials, mehr oder weniger große Mengen an Baustoffen herstellen, z.B.

Holzes beitragen. Schwellhölzer (Fußpfetten) sollten mit einem dazwischengelegten Streifen Bitumenpappe auf dem Sockel aufliegen und die Sockel mindestens 30 cm hoch sein, damit das Holz nicht so sehr dem Spritzwasser ausgesetzt wird. Eine Regenrinne am Dach hilft zudem, Niederschlagswasser vom Gewächshaus wegzuführen.

Relativ wartungsfreie Konstruktionsmaterialien sind feuerverzinkter Stahl und Aluminium. Kleine Gewächshäuser (freistehend oder angelehnt) aus Stahl oder Aluminium werden von einer ganzen Reihe von Firmen, auch als Bausatz, angeboten. Aus Abb. 4.12 ist zu ersehen, dass aber auch die Lebensdauer von Metallgewächshäusern nicht unbegrenzt ist.

Nacheile von Stahl- und Aluminiumkonstruktionen:

- Zur Herstellung von Stahl- und besonders von Alumiumprofilen wird sehr viel Energie benötigt (Abb. 4.13).
- Metallkonstruktionen erfordern besondere Maßnahmen, damit die Metallteile der Tragkonstruktion nicht als Kältebrücken wirken.
- Standardkonstruktionen lassen sich, soll das Gewächshaus an ein Haus angebaut werden, oft nicht harmonisch in die Gebäudestruktur einpassen.

Trotz der erwähnten Nachteile von Holzkonstruktionen sind Gewächshäuser aus Holz für den Heimwerker/die Heimwerkerin eine attraktive Lösung: Holz ist nicht nur ein nachwachsender Baustoff, sondern auch überall erhältlich und für durchschnittlich ambitionierte Heimwerker in der Regel ein vertrautes Baumaterial, das mit vorhandenem Werkzeug leicht bearbeitet werden kann.

Weil mit Holzkonstruktionen auch ästhetisch oft befriedigendere bauliche Lösungen als mit Stahl oder Aluminium möglich sind, und Metallkonstruktionen für den Selbstbau weniger geeignet erscheinen, werden im Folgenden nur Tragkonstruktionen aus Holz beschrieben.

4.14 Einfaches Tragwerk.

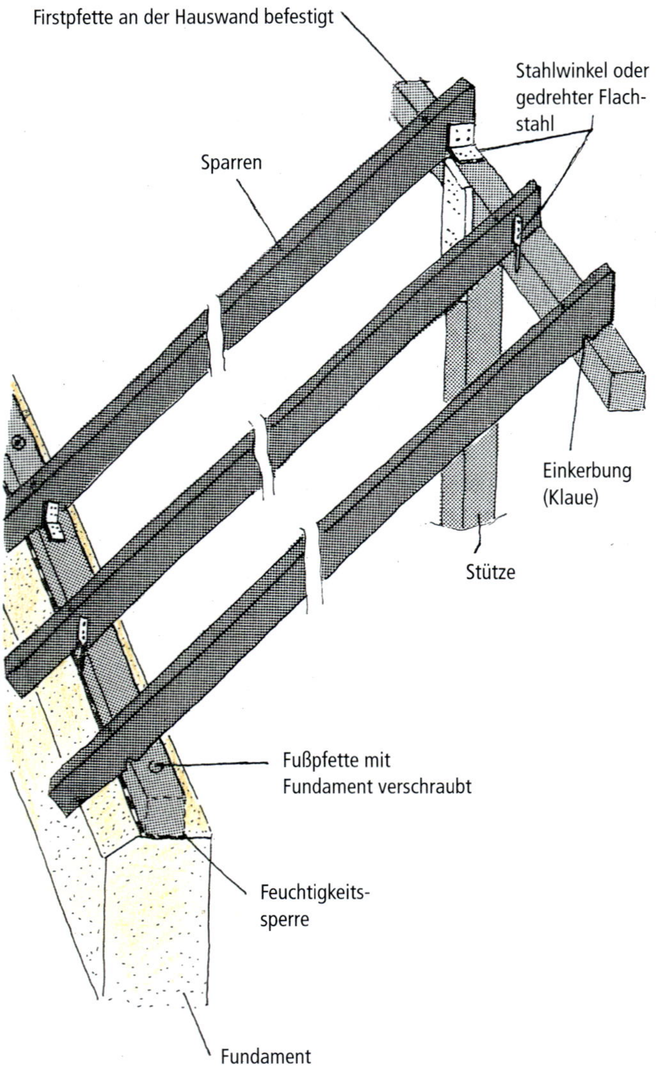

Holztragwerke

Mit Holz sind vielfältige Gewächshauskonstruktionen möglich, von denen einige einfache hier vorgestellt werden.
Grundelemente der Tragkonstruktion sind Pfetten auf Stützen, auf welche Sparren aufgelegt sind. Der Sparrenabstand ist in der Regel durch das Systemmaß der transparenten Abdeckung gegeben.
Abb.4.14 zeigt schematisch ein einfach zu errichtendes Tragwerk eines Anlehngewächshauses, dessen konstruktiver Aufwand gering ist. Es ist ähnlich einem Pfettendach aufgebaut. Die Sparren, welche die transparente Abdeckung tragen, sind auf die Fuß- bzw. Firstpfette aufgelegt, die beide wiederum mit dem Fundament (Fußpfette), bzw. mit der angrenzenden (Gebäude-)Wand durch die Firstpfette verankert sind. Dadurch entstehen statisch stabile Dreiecke, wobei die Pfetten nur senkrechte Kräfte auf ihre Unterstützung übertragen, die Horizontalkomponente der Windlast wird in eine Sparrenlängskraft und eine senkrechte Belastung der Pfetten zerlegt. Diese Konstruktion ist natürlich auch für freistehende Gewächshäuser geeignet, dann werden an der Firstpfette die Sparren für die Rückwand befestigt. Wichtig auch hier, dass eine Konstruktion aus unverschiebbaren Dreiecken gewählt wird. Die Bemessung der einzelnen Hölzer (Querschnitte) der Tragkonstruktion (siehe auch S. 45 ff.) ergibt sich generell aus statischen Überlegungen bzw. Berechnungen.
Sparrenfußpunkte: Die Fußpfette gleicht kleine Unregelmäßigkeiten des Fundamentes aus, erlaubt einfache Sparrenanschlüsse und leitet die Windkräfte zu den Fundamentankern. Die Sparren können auf der Pfette mit Winkeleisen oder Sparrennägeln befestigt werden. Auf eine Fußpfette kann auch verzichtet werden, indem die Sparren an den im Fundament eingelassenen Laschen befestigt, oder im Mauerwerk verankert werden. In allen Fällen werden die Sparren mit Kerben (auch Klauen, Kerven, Sättel genannt) versehen, durch die eine größere Auflagefläche erreicht wird (Abb. 4.16 rechts).
Sparrenanschluss am First: Im Bereich der Firstpfette werden die Sparren ebenfalls eingekerbt und mit Sparrennägeln oder Metalllaschen befestigt. Die Dimensionierung der Sparren richtet sich nach ihrer Stützweite im Grundriss, dem Innenwinkel α, dem Abstand der Sparren zueinander sowie dem verwendeten Eindeckungsmaterial (Abb. 4.15). Die Sparrenabstände sind in der Regel durch das Systemmaß der transparenten Abdeckung (Glas, Kunststoff)

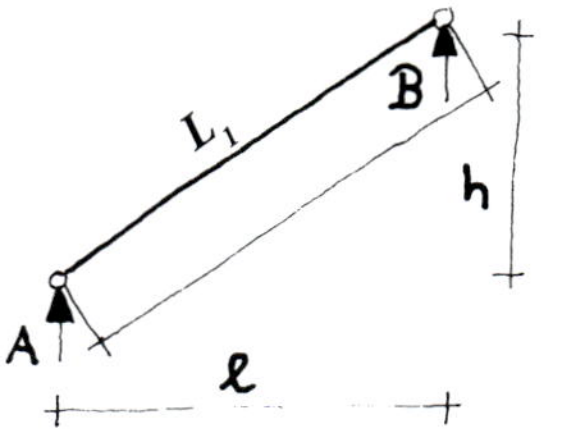

Die Dimensionierung des Sparrenquerschnittes ist abhängig von
- der Stützweite l im Grundriss
- der Balkenlänge L_1
- dem Winkel α ($\tan \alpha = l/l_1$)
- dem Sparrenabstand
- der verwendeten Eindeckung bzw. deren Gewicht.

4.15
Dimensionierung der Sparren.

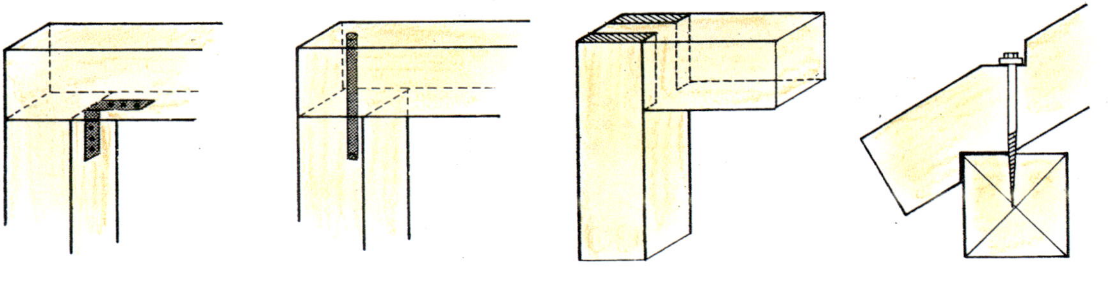

4.16
Verbindungstechniken zwischen Balken und Stütze (links) sowie Befestigung des Sparrens an der Fußpfette (ganz rechts).

4.17 und 4.18
Gute Raumnutzung im Erdgewächshaus, oben mit seitlicher Zugangsbefestigung aus Holzpalisaden (Quelle 22), unten in Bild und Zeichnung mit Wänden und Treppe aus Gehwegplatten (Quelle 23).

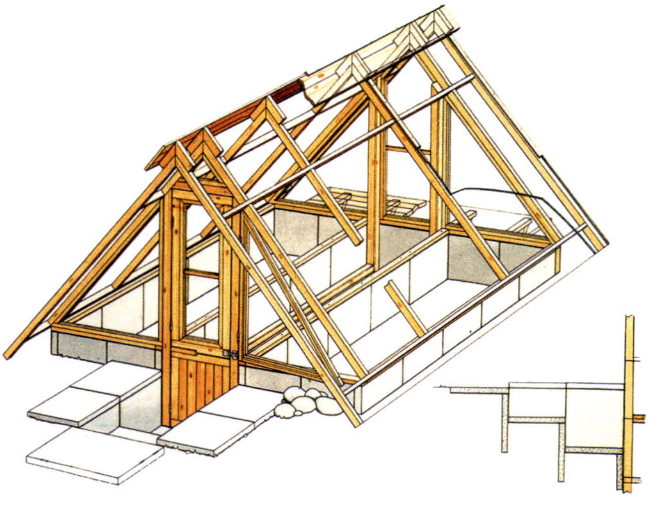

bzw. bei der Rückwand auch durch die Maße der dämmenden Ausfachungsmaterialien bestimmt. Die Innenraumnutzung dieser einfachen Konstruktion ist im vorderen Bereich allerdings nicht sehr günstig (siehe auch Abb. 3.7 A, S. 28). Eine bessere Ausnutzung lässt sich erreichen, indem die Konstruktion auf einen höheren Sockel aufgesetzt oder indem der Gehbereich tiefergelegt wird (Abb. 4.17 und 4.18).
Abb. 4.19 zeigt eine aufwendigere Gewächshauskonstruktion mit einem Knotenpunkt (siehe auch Baubeispiel S. 68 ff.). Diese Konstruktion erlaubt einerseits mehr Gestaltungsmöglichkeit und bietet eine bessere Innenraumnutzung, erfordert jedoch andererseits auch eine sorgfältigere statisch-konstruktive Dimensionierung der tragenden Teile (Abb. 4.20) und setzt ein genaueres handwerkliches Arbeiten voraus.

Gleich welche Konstruktionsvariante gewählt wird, aus Kostengründen wird man bei den Holzkonstruktionen soweit wie möglich auf handelsübliche Latten und Kanthölzer zurückgreifen, die in den meisten Holzhandlungen vorrätig sind (siehe Seite 43).
Um möglichst wenig Holzverschnitt zu haben, sollte vor dem Kauf eine detaillierte Holzliste zusammengestellt werden. Es lohnt sich, die Preise mehrerer Holzhandlungen zu vergleichen. Wichtig beim Holzkauf ist, dass man trockenes Holz bekommt. Wird es nicht sofort verbaut, ist es ratsam, das Holz an einem überdachten Ort so zu lagern, dass von allen Seiten Luft an die einzelnen Hölzer gelangen kann.

4.19 Anlehngewächshaus mit aufwendigerer Tragkonstruktion.

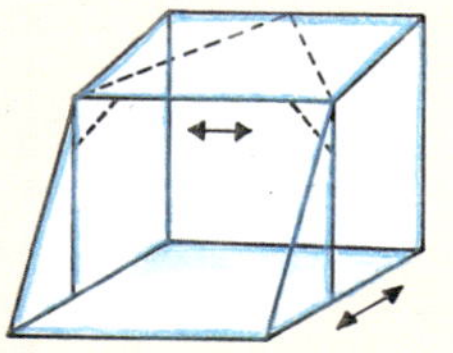

Anlehngewächshaus:
Die Tragkonstruktion muss gegen Verschiebungen und Verwinden ausgesteift werden. Das angelehnte Gewächshaus ist lediglich im vorderen Bereich (Südfassade) gegen Kippen in Längsrichtung auszusteifen, da die Wand, an die das Gewächshaus anlehnt, bereits in zwei Richtungen für ausreichende Stabilität sorgt. Als Aussteifung können z.B. ein Stahlseil im Dachbereich oder eine teilweise Verschalung des Daches (Scheibenwirkung) oder Kopfbänder zwischen Pfette und Stütze dienen.

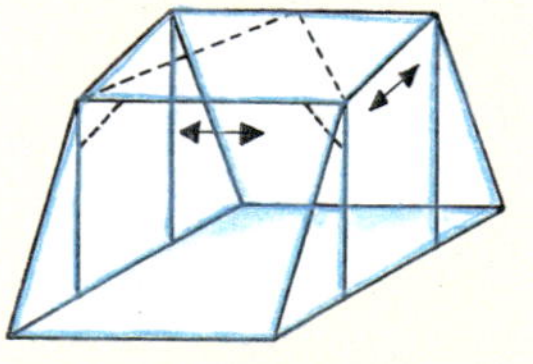

Freistehendes Gewächshaus
Hier wird die Queraussteifung durch die Dreiecke aus Stütze, Sparren und Zangen in den Seitenwänden bewirkt. Zur hinteren Aussteifung in Längsrichtung muss die Rückwand mit Scheibenwirkung (z.B. Holzplatte o.ä.) ausgeführt werden. Zur Längsausteifung vorn empfiehlt sich zusätzlich ein Seilkreuz im Dachbereich oder die schon erwähnten Kopfbänder zwischen Stützen und Pfetten.

4.20 Die Aussteifung.

Das Baumaterial Holz

In den meisten Holzhandlungen wird es möglich sein, das Holz vor dem Kauf selbst auszusuchen. Auf folgende Merkmale gilt es zu achten:

- Das Holz sollte möglichst trocken sein, da feuchtes Holz bei der Trocknung erheblich schwindet. Die Folgen einer Verarbeitung von zu feuchtem Holz sind später unerwünschte Fugen und Maßänderungen am Bau.
- Bretter, insbesondere für den Aussenbereich, sollten möglichst ohne Äste und Risse sein, da hier die Witterung am leichtesten angreifen kann.
- Langsam gewachsenes Holz mit eng beieinanderliegenden Jahresringen hat eine größere Festigkeit und Wetterbeständigkeit als sehr schnell gewachsenes Holz.
- Bretter mit stehenden Jahresringen sind solchen mit liegenden Jahresringen vorzuziehen, da sie sich nicht so leicht verziehen („werfen“).

Welche Holzart?

Für Gewächshäuser aus Holz beginnt der Holzschutz mit der Wahl der richtigen Holzart, denn sie sind einerseits der freien Bewitterung im Außenbereich bzw. hohen und wechselnden Feuchtebelastungen im Innenraum ausgesetzt. Es sollten deshalb vorzugsweise Hölzer verwendet werden, die von sich aus schon weitgehend resistent gegen Pilz- und Insektenbefall sind: Die einheimische Lärche, das Kernholz der Kiefer, das Edelholz Eiche (nur für sehr hochwertige Gewächshäuser üblich) und die amerikanische Douglasie. Zwar empfiehlt es sich, auch Bauhölzer dieser Arten mit einer regelmäßigen Oberflächenbehandlung zu schützen, sie sind jedoch haltbarer als Fichte, Tanne und Kiefernsplint.

Erdkasten

„Die Construction des Kastens mit massiven Wänden besteht darin, daß man den Grund der Grube in der erforderlichen Länge, Breite und Tiefe ausgräbt mit Einschluß der Wandstärken und die Wände mit der nothwendigen Fundamentirung bis zu der erforderlichen Höhe über dem Boden mit Steinen aufmauert. Am besten empfiehlt sich ein Rohbau von Mauersteinen mit gutem Kalkmörtel oder Cement und die Fugen mit Cement ausgestrichen. Der Abputz, selbst mit Cement, hat bei der fortwährenden Feuchtigkeit, der die Wände im Inneren ausgesetzt sind, verbunden mit Wärme keine große Beständigkeit und erfordert häufige Ausbesserung, so daß der Rohbau sich am besten bewährt.

Für die Auflage der Fenster legt man auf die Mauern ein hölzernes Rahmenstück von vier mit einander verbundenen Mauerlatten welches mit den entsprechenden Falzen versehen ist, in welche die Fensterrahmen eingreifen, zu dessen Befestigung in die oberste Steinschicht Holzklötze eingemauert werden. Um die Mauerlatten auf den Steinen dicht zum Schlusse zu bringen, werden sie nicht in Kalk, sondern in mageren Lehm gelegt, der das Holz gegen Fäulniß schützt und an der äußeren und inneren Fuge sorgfältig mit Cement verstrichen wird, um den innen liegenden Lehm vor dem Zutritt der Feuchtigkeit zu schützen.

Das Rahmenstück ist dennoch sehr der Fäulniß ausgesetzt und vergänglich, so daß im Verhältnisse zur Dauer der Mauer eine häufige Erneuerung nothwendig wird; es ist deshalb vorzuziehen, die Mauern mit Steinplatten oder Sandsteinen abzudecken, in welche die für die Auflage der Fenster nöthigen Fugen oder Falze eingehauen werden. Diese Kästen erhalten zur Auflage der Seitenschenkel der Fenster ebenfalls Streben, die in der entsprechenden Fensterweite eingesetzt werden. Sie sind beweglich und werden in besonders für diesen Zweck in dem Steinrande eingehauene Fugen ohne jeden Verschnitt des Kopfes bündig mit denselben gelegt. Um das von den Fenstern ablaufende Wasser, das in der Fuge der Vorderwand, in welcher der Unterschenkel aufliegt, leicht stehen bleibt und hier Fäulniß des Unterschenkels erregt, abzuleiten, werden in die Deckplatten der Quere nach bis zur Tiefe der Fuge gehend durchschneidende Rinnen eingehauen, für jedes Fenster zwei.

Die Steinmauern sind indessen gute Wärmeleiter, man kann diesem Uebelstande durch Hohlwände begegnen, so daß eine doppelte Wandung entsteht, die durch ihre Isolirschicht im Inneren das Eindringen der äußeren Kälte abhält und das Entweichen der inneren Wärme verhindert. Um den Mauern eine innere Verbindung und dadurch größeren Halt zu geben, setzt man in bestimmten Zwischenräumen etwa von 0,94 oder 1,25 Meter Uebergriffsteine ein. Die Steine werden am besten in Zement gelegt und jede Ritze muss sorgfältigst vermieden werden, denn sobald nur die geringste Verbindung der äußeren Luft mit der inneren Isolirschicht stattfindet, wird der Zweck derselben aufgehoben. Man kann auch den Hohlraum mit Häcksel, Sägespäne, Sand, Torfasche, Torfmüll, Laub oder ähnlichen Stoffen füllen (Fig. 25). Bei solchen massiven Kästen empfiehlt es sich, auch zu den Streben starkes T-Eisen zu benutzen.

Diese massiven Kästen sind im Betriebe der Gärtnerei sehr brauchbar. Im Sommer kann man sie zu Warmbeeten benutzen; im Winter dienen sie zur Überwinterung das Laub abwerfender kalter Pflanzen, wie Fuchsien, Topfrosen, Granatbäume usw. Stellt man im Inneren eine Treppenstellage auf, so kann man in ihnen Topfnelken, Winterlevkoyen, Goldlack, Aurikeln, Topfstauden, Alpenpflanzen in Töpfen usw. bequem überwintern, nur muß man bei guter Witterung fleißig lüften, und bei strenger Kälte die Wände durch Umschläge und die Fenster durch Strohdecken und Läden schützen."

Erdkasten

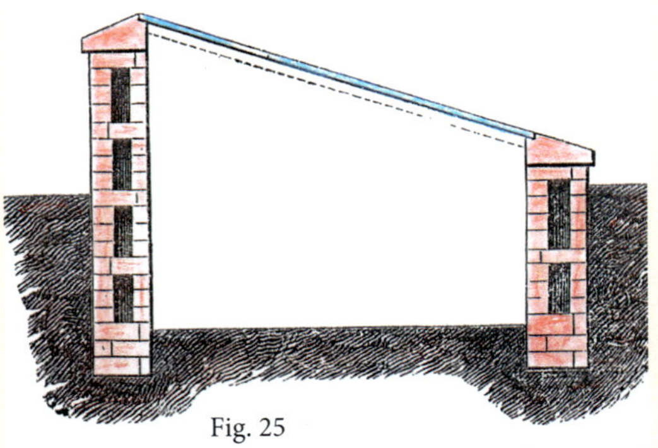

Fig. 25

Talutmauer

Fig. 26

Fig. 27

Talutmauern heute in Schloss Sanssouci, Potsdam

Die Sonnenwand, Talutmauer

„ Die Schutz- oder Sonnenwand findet vorzugsweise in der Obstzucht ihre Anwendung, indem sie vor Aprikosen- Pfirsich- und besonders Weinspalieren in solchen Gegenden, in denen deren Reife fraglich ist, errichtet wird, um im Frühjahr die Vegetation zeitiger anzuregen, während der Blüthe dieselbe gegen äußere nachtheilige Einflüsse zu schützen, im Herbste die Fruchtreife zu beschleunigen und zu sichern, und im Winter die Stöcke wirksamer gegen die Kälte zu schützen. Im Sommer während der Zwischenzeit zwischen den genannten Perioden werden die Fenster meistens entfernt, um die äußere Atmosphäre auf die Ausbildung der Früchte und der Holztheile ungehindert einwirken zu lassen. Die Anwendung ist demnach eine zeitweilige. Man findet die Benutzung dieser Schutz- oder Sonnenwände oder Talutmauern, wie sie hier speciell genannt werden, in ausgedehntester Weise an den Terrassen in Sanssouci bei Potsdam und in den nahe gelegenen Königlichen Weinbergen.

Die Lage dieser Wände ist immer südöstlich, südlich oder südwestlich. Eine mehr östliche Lage hat den Nachtheil, daß die Sonne dieselbe zu frühe am Tage verläßt und die Abkühlung vor Sonnenuntergang zu stark wird, so daß die Nachtkühle durch Ausstrahlung der aufgenommenen Wärme nicht gemindert wird. Es ist immer noch eine mehr westliche der mehr östlichen Lage vorzuziehen, da zwar eine spätere Erwärmung durch die Sonne eintritt, jedoch für die Nacht mehr vorhält. Fig. 26 zeigt eine Sonnenwand in Vorderansicht, Fig. 27 im Querdurchschnitte. In einer Entfernung von 0,78 bis 1 Meter legt man parallel mit der Mauer eine 13 bis 15,6 Centimeter starke Schwelle (a) von gesundem Kiefernholze, die entweder flach auf dem geebneten Boden oder besser noch auf eine etwa 15,6 Centimeter über den Boden hervorragenden Sockelmauer gelegt wird, um sie mehr gegen die Nässe zu schützen und verbindet diese an den Enden, wo die beiden Seitenwandungen angebracht werden sollen, mit der Mauer rechtwinklig durch Querschwellen. Die Seitenwandungen (e) werden innen und außen mit Brettern verschalt und der Zwischenraum mit gut getrocknetem Moose oder Laub ausgefüllt ..."

Aus: J. Hartwig, Gewächshäuser und Mistbeete. Berlin 1876

Handelsformen von Schnittholz

Im Handel erhältlich sind Bohlen, Bretter, Kanthölzer, Balken, Latten und Leisten, die in Längen zwischen 4 und 6 m auf Vorrat geschnitten und ab Lager lieferbar sind.

Folgende Querschnitte sind üblich:

- Bretter, ungehobelt, besäumt in verschiedenen Breiten, Dicken z.B. 12/18/22/28 mm Dicke und Längen zwischen 300 ud 500 cm.
- Kanthölzer und Balken (b/h in cm/cm), 6/6, 6/8, 6/12, 8/8, 8/10, 8/12, 8/16 , 10/10, 10/12, 10/20, 10/22, 12/12, 12/16, 12/20, 12/24, 14/14, 14/16, 16/16, 16/18, 16/20, 18/22, 20/20 und 20/24 cm
- Latten, 24/48, 30/50, 40/60 mm, ungehobelt
- Konstruktionsvollholz (KVH) in den Standardstärken 6 oder 8 cm ist in folgenden Höhen erhältlich: 10/12/14/16/18/20/22/24 cm

Kanthölzer, Bretter und Dachlatten sind in der Regel sägerau, man kann sie auch in gehobelter Ausführung bekommen. Darüber hinaus sind folgende Halbfertigerzeugnisse in unterschiedlichen Qualitäten im Handel (astfrei, mit ausschließlich festgewachsenen Ästen, mit z.T. losen Ästen und Harzgallen).

- gespundete Bretter (Fußbodendielen), 19, 21 und 28 mm stark, 96 und 110 mm breit und 3 – 5 m lang
- Profilbretter mit Schattennut (Nut + Federbretter), z.B. 12 und 15 mm stark, 96 mm breit, 3 – 5 m lang
- Stülpschalungsbretter für Außenverkleidungen, z.B. 20 mm stark, 115 mm breit und 3 – 5 m lang.

Exkurs Holzschutz

Da Holz pflanzlicher Herkunft ist und dem biologischen Kreislauf unterliegt, wird es von der Witterung angegriffen. Durch Aufnahme und Abgabe von Luftfeuchtigkeit quillt und schwindet das Holz. Wenn die aufgenommene Luftfeuchtigkeit ein bestimmtes Maß überschreitet und nicht schnell genug wieder abgegeben werden kann, siedeln sich holzzerstörende Pilze und Insekten an. Bei witterungsbeanspruchtem Holz sollte deshalb schon bei der Planung darauf geachtet werden, dass durch konstruktive Maßnahmen die Feuchtigkeitseinwirkung auf das Holz möglichst gering gehalten wird.
Alle Bauteile, die der Witterung ausgesetzt sind, müssen einschließlich ihrer Verbindungen und Anschlüsse so konstruiert werden, dass auftreffendes Wasser rasch abgeleitet wird. Dies lässt sich beispielsweise durch das Anbringen von Tropfkanten und Wasserschenkeln erreichen (Abb. 4.21 und 4.22). Hirnholzflächen sollten entweder verdeckt liegen oder abgeschrägt und durch einen mehrmaligen, porenfüllenden Anstrich geschützt werden. Werden Teile des Gewächshauses außen mit Holz verkleidet, so wird die Verschalung so angebracht, dass sich an den Stößen kein Wasser ansammeln kann (diagonale oder vertikale Verschalung bzw. waagerechte Verschalung mit Tropfkante).
Zum besseren Schutz gegen Klimaeinwirkungen und gegen pflanzliche und tierische Schädlinge werden die Holzteile am besten vor oder nach dem Einbau imprägniert. Dabei ist es wichtig, dass durch das Imprägniermittel die „Atmungsfähigkeit" des Holzes nicht beeinträchtigt wird, was z.B. bei fast allen chemischen Lacken der Fall ist.
Es ist zu unterscheiden zwischen dem Holzschutz im Innenraum und dem Holzschutz außen. Im Innenraum des Gewächshauses herrschen oft Bedingungen (warm, hohe Luftfeuchtigkeit), die das Wachstum und die Vermehrung von Holzschädlingen begünstigen. Zur Vorbeugung gegen Pilze und Insekten können z.B. Borsalzpräparate eingesetzt werden,

4.21
Konstruktiver Holzschutz am Beispiel einer Stülpschalung in 3 Ausführungsvarianten:
Die Ausführungen B und C sind A vorzuziehen und wegen der besseren Wasserableitung bei Schlagregen ausgesetzten Fassaden anzuwenden.

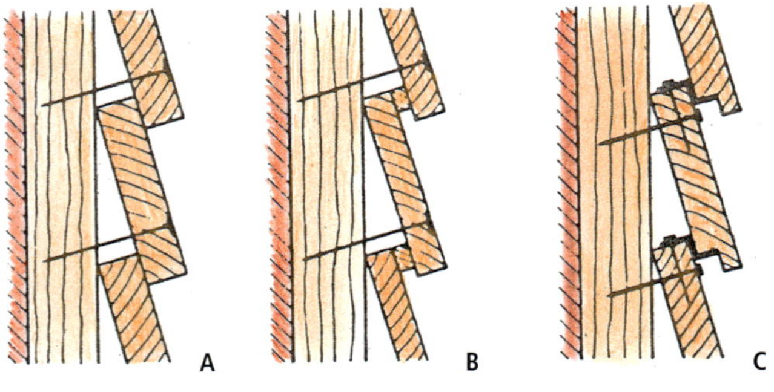

die für Menschen und Pflanzen nur ein geringes toxikologisches Risiko beinhalten. Zwar dürfen diese Präparate auch in Räumen verarbeitet werden, die zum ständigen Aufenthalt von Menschen bestimmt sind und in denen Lebensmittel gelagert werden, dennoch sollten vorsichtshalber beim Verarbeiten Haut und Augen geschützt werden. Borsalzpräparate sind wasserlöslich, sie haben deshalb eine geringe Auswaschbeständigkeit. Ein anschließender Anstrich des Holzes mit Leinölfirnis sorgt dafür, dass der Feuchteaustausch des Holzes reduziert wird. Generell helfen Lasuren und filmbildende Anstriche, das Holz zu schützen, indem sie die Feuchteaufnahme reduzieren und den Pilzen und Insekten den Weg in das Holz versperren.

Im Außenbereich wirken Sonne, Wind und Regen sehr viel aggressiver auf das Holz ein, als dies durch das Klima im Innenraum der Fall ist. Die Sonne heizt das ungeschützte Holz auf, treibt das Harz aus, das dann zum Teil verdampft, zum Teil vom Regen ausgewaschen wird.

Es entstehen Risse im Holz, in die Feuchtigkeit eindringt und im Winter gefriert. Unbehandelte Holzleisten aus Fichte und Kiefer z.B. in der geneigten Außenfront eines Gewächshauses sind schon nach wenigen Jahren zerstört. Hier kann als Wetterschutz z.B. eine Dickschichtlasur helfen, wegen ihrer lackähnlichen Eigenschaften auch Lacklasur genannt. Sie bildet einen kräftigen, dampfdurchlässigen Film an der Holzoberfläche und enthält wenig Lösemittel. Ihre Dampfdurchlässigkeit erlaubt einen Wechsel der Holzfeuchte in beschränktem Maße. Die Dickschichtlasur sollte immer pigmentiert sein, um das Holz vor UV-Licht zu schützen. Lasuren haben den Vorteil, dass sie – anders als Lacke – nicht abblättern, sondern wenig arbeitsaufwendig nach Jahren einfach durch Überstreichen erneuert werden können. Voraussetzung für einen guten und haltbaren Anstrich sind trockenes Holz und eine sorgfältige Bearbeitung des Untergrundes (Schleifen, Entfernen von Harzgallen, Spachteln von Löchern und Rissen). Trotzdem wird es nicht ausbleiben, dass Deckleisten aus Holz an der Fassade aufgrund der starken Witterungseinflüsse von Zeit zu Zeit erneuert werden müssen.

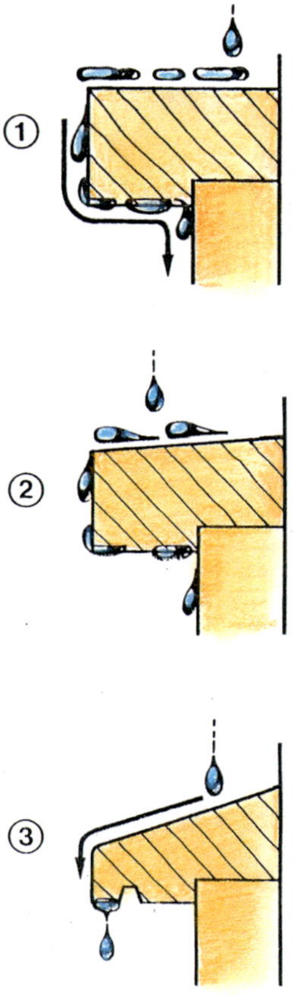

4.22
Abschrägungen an konstruktiven Teilen.
(Quelle 19)

1 Waagerechte Holzteile sind starker Verwitterung ausgesetzt.
2 Nasse Unterseite durch fehlende Tropfkante
3 Neigungswinkel 15°, Unterseite mit eingefräster Tropfkante.

Kräfte und Lasten am Gewächshaus

Wie bei jedem Gebäude wirken auch auf ein Gewächshaus Kräfte, denen die tragenden Balken und Stützen standhalten müssen. Es sind dies

- die ständige Last; Eigengewicht der Konstruktion,
- die Verkehrslast; hier Schnee und Wind sowie
- die Zusatzlast; hier z.B. an der Konstruktion aufgehängte Pflanz- und Wasserbehälter.

Da die transparente Abdeckung in der Regel nicht selbsttragend ist, muss die Tragkonstruktion die Aufnahme und Weiterleitung der auftretenden äußeren und inneren Kräfte übernehmen. Sie ist einerseits so groß zu dimensionieren, dass sie alle Kräfte ableiten kann, andererseits sollten die einzelnen Querschnitte jedoch auch so klein wie möglich sein, um Einstrahlungsverluste und

Abminderungsfaktor k_s für Schneelast in Abhängigkeit von der Dachneigung α	
α	k_s
0-30°	1
40°	0,75
50°	0,5
60°	0,25
70 - 90°	0

4.23
Abminderungsfaktor für Schneelast

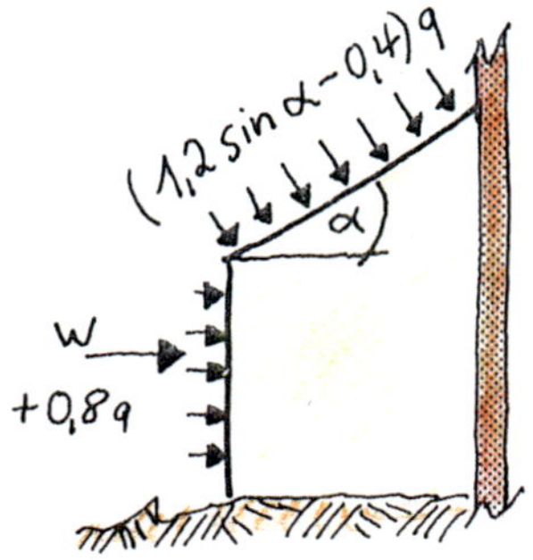

4.24
Abminderungsfaktor für Windlast.
- senkrechte Stehwand
  W = 0,89
- schräge Dachfläche
  W = (1,2 · sin α - 0,4)·q

q = Staudruck des Windes
  = 0,25 kN/m² < 4m Höhe

4.25 Kräfte/Lasten

unnötigen Materialaufwand zu vermeiden.
Im Folgenden werden die auftretenden Kräfte kurz erläutert und anhand eines Beispiels gezeigt.

Ständige Last

Die ständige Last setzt sich zusammen aus den Eigengewichten der einzelnen Konstruktionsteile des Gewächshauses, also Glas oder Kunststoff, Sparren, Pfetten etc. Die ständige Last wirkt senkrecht zur Grundfläche.

Verkehrslast

Zu den Verkehrslasten beim Gewächshaus gehört die Belastung durch Schnee und Wind.
Schneelast: Die zu berücksichtigende Schneelast hängt von der Dachneigung ab. Je steiler das Dach ist, umso geringer ist die anzunehmende Schneelast. Bei horizontalen Flächen ist eine Schneelast von 75 kp/m2 anzusetzen, bei geneigten Dachflächen ist ein Abminderungsfaktor ks entsprechend der Tabelle 4.23 anzunehmen. Geneigte Flächen >60° werden als schneefrei angenommen. Die Schneelast wirkt senkrecht zur Grundfläche.
Windlast: Die Windlast wird rechtwinklig zur getroffenen Fläche, die Windrichtung im allgemeinen waagerecht angenommen.
Für Gewächshäuser mit weniger als 4 m Bauhöhe wird mit einem Winddruck von 0,25 kN/ m² gerechnet. Für geneigte Flächen gelten die in der Tabelle 4.24 eingetragenen Abminderungsfaktoren.
Insgesamt wirken die Lasten auf die Konstruktion derart ein, dass sie die Sparren und Pfetten durchbiegen und die Stützen zu knicken versuchen. Die tragenden Konstruktionselemente und Verbindungen (Holzquerschnitte) müssen also so bemessen werden, dass sie den auftretenden Kräften standhalten. Es würde den Umfang dieses Buches übersteigen, für die vielen verschiedenen Gewächshausformen und –größen eine Anleitung zur statischen Berechnung der Holzquerschnitte zu geben. Wer sich solche Berechnungen zutraut, findet in bautechnischen Tabellen die für die Berechnung notwendigen Formeln und Zahlentafeln.
Für eine sehr einfache Tragkonstruktion – das Sparrendach mit Stützen (Abb. 4.26) – kann die Dimensionierung der Dachsparren aus einteiligen Kanthölzern für verschiedene Stützweiten l, Sparrenabstände d und Dachneigung α den Tabellen 4.27 und 4.29 entnommen werden.
Zunächst gibt Tabelle 4.27 den erforderlichen Jx-Wert (Flächenträgheitsmoment) für die Bemessung der Holzquerschnitte in Abhängigkeit

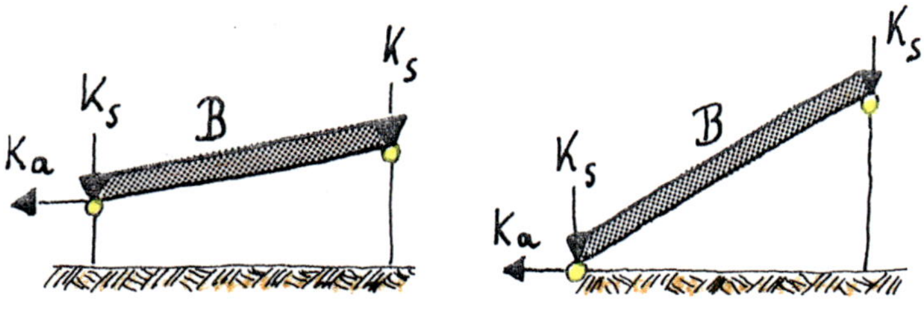

B = Gesamtlast auf den Sparren (verteilte Last)
K_s = Kraft auf die Stütze
K_a = Querkraft, die durch Befestigung an der Hauswand, Eingraben der Stützen in den Boden o.ä. abgeleitet werden muss.

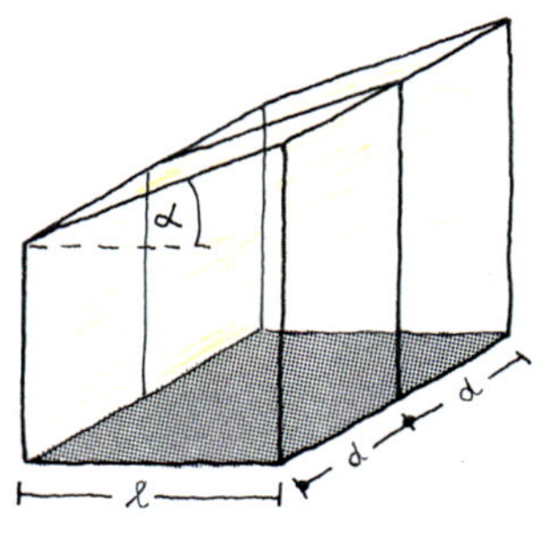

4.26 Eine einfache Tragkonstruktion: Sparrendach mit Stützen

von der Dachneigung, der Stützweite und dem Sparrenabstand an.

Beispiel:
2,5 m Stützweite; 0,75 m Sparrenabstand; 30° Dachneigung => erforderliches J_x = 432 nach Tab. 4.27

In Tabelle 4.29 wird dann ein Holzquerschnitt mit einem J_x ausgesucht, das größer als das erforderliche J_x ist, also z.B.

Kantholz 6/10: $J_x = 500 > 432$.

Aus den Tabellen wird ersichtlich, dass bei längeren Sparren und größeren Stützweiten immer größere Sparrenquerschnitte erforderlich werden. Bei großen Holzquerschnitten bietet es sich an, zusammengesetzte Sparren (I oder T-Profile bzw. Fachwerkträger) einzusetzen, die mit weniger Holz auskommen und einen besseren Lichteinfall in das Gewächshaus ermöglichen.
Die Sparren liegen an den Enden auf Stützen, auf einer Mauer oder auf einem Sockel an der Hauswand auf und übertragen die Dachlast durch die Stütze oder die Mauer auf den Boden. Daher müssen die Unterstützungspunkte der Sparren geeignet sein, die an den Sparrenenden auftretenden Kräfte aufzunehmen.

Erforderliches Flächenträgheitsmoment J_x in cm^4 für durchgehende Sparren

Dachneigungswinkel	Sparrenabstand	Stützweite S 1,5 m	2,0 m	2,5 m	3,0 m	3,5 m	4,0 m
Sparrenlänge L =		1,60 m	2,13 m	2,66 m	3,19 m	3,72 m	4,26 m
20°	0,6	57	135	264	457	725	1085
	0,75	72	170	333	575	914	1367
	1,0	95	226	441	761	1209	1809
	1,25	120	283	553	956	1518	2271
Sparrenlänge L =		1,73 m	2,31 m	2,89 m	3,46 m	4,04 m	4,62 m
30°	0,6	74	176	344	592	943	1410
	0,75	93	221	432	743	1183	1769
	1,0	123	291	569	980	1560	2333
	1,25	154	365	713	1228	1954	2923
Sparrenlänge L =		1,96 m	2,61 m	3,26 m	3,92 m	4,57 m	5,22 m
40°	0,6	92	217	425	736	1166	1738
	0,75	115	273	533	924	1464	2182
	1,0	152	361	705	1221	1936	2885
	1,25	191	453	886	1535	2432	3624
Sparrenlänge L =		2,33 m	3,11 m	3,89 m	4,67 m	5,45 m	
50°	0,6	126	298	581	1006	1599	
	0,75	159	376	734	1271	2020	
	1,0	208	493	964	1668	2652	
	1,25	261	619	1208	2092	3325	
Sparrenlänge L =		3,0 m	4,0 m	5,0 m			
60°	0,6	218	516	1008			
	0,75	274	649	1268			
	1,0	365	865	1690			
	1,25	456	1082	2113			
Sparrenlänge L =		4,39 m					
70°	0,6	570					
	0,75	724					
	1,0	943					
	1,25	1184					

4.27 Erforderliches J_x(in cm^4) für durchgehende Sparren verschiedener Stützweiten und Sparrenabstände.

Dachneigungswinkel	Belastung auf den Sparren in kN/m bei Sparrenabstand 0,6 m	0,75 m	1,0 m	1,25m
20°	0,54	0,68	0,90	1,13
30°	0,55	0,69	0,91	1,14
40°	0,47	0,59	0,78	0,98
50°	0,38	0,48	0,63	0,79
60°	0,31	0,39	0,52	0,65
70°	0,26	0,33	0,43	0,54
80°	0,24	0,30	0,40	0,50

4.28
Lastannahmen in kN/m (Eigengewicht, Schnee- und Windlast ≙ 100 kg/m^2) auf den Sparren pro Meter Sparrenlänge in Abhängigkeit von der Dachneigung.

Kanthölzer		
b/h cm/cm	F cm^2	J_x cm^4
6 x 6 +	36	108
6 x 8 +	48	256
6 x 10 +	60	500
6 x 12 +	72	864
6 x 14 +	84	1372
6 x 16 +	96	2044
6 x 18 +	108	2916
6 x 20 +	120	4000
8 x 8 +	64	341
8 x 10 +	80	667
8 x 12 +	96	1152
8 x 14 +	112	1829
8 x 16 +	128	2731
8 x 18 +	144	3888

Kanthölzer		
b/h cm/cm	F cm^2	J_x cm^4
10 x 10 +	100	833
10 x 12 +	1200	1440
10 x 14 +	140	2287
10 x 16 +	160	3413
10 x 18	180	4860
10 x 20 +	200	6667
12 x 12 +	144	1728
12 x 14 +	168	2744
12 x 16 +	192	4096
12 x 18	216	5832
12 x 20 +	240	8000
Dachlatten		
2,4 x 4,8 +	11,5	22,1
3,0 x 5,0 +	15,0	31,3
4,0 x 6,0 +	24,0	72,0

4.29
Querschnittmaße und zulässiges Flächenträgheitsmoment J_x von Nadelholz. Die mit + gezeichneten Querschnitte sind im Handel meist vorrätig.

ungeschwächter Stützenquerschnitt in cm^2	Tragfähigkeit in kN bei Stablänge					
	1,5 m	2,0 m	2,5 m	3,0 m	3,5 m	4,0 m
4 x 4	2,7	1,5	---	---	---	---
6 x 6	12,6	7,6	4,9	---	---	---
8 x 8	31,2	22,5	15,5	10,7	7,9	---
10 x 10	58,2	45,7	34,8	26,3	19,3	14,8

4.30
Tragfähigkeit von freistehenden Stützen in kN (- = nicht zugelassen).

Die Kräfte auf die Stützen (Sockel etc.) können nach folgender Formel berechnet werden

$K_S = {}^1/_2 \cdot L \cdot B \cdot 1/\cos\alpha$
$= 0{,}5 \cdot$ Sparrenlänge L
(in m, aus Tabelle 4.27)
$\cdot$ Belastung auf den Sparren
(in kN/m, aus Tabelle 4.28)
$\cdot\ 1/\cos\alpha$

Für das oben gewählte Beispiel (2,5 m Stützenweite, 0,75 m Sparrenabstand und 30° Dachneigung) ergibt das
$K_S = 0{,}5 \cdot 2{,}89\ \text{m} \cdot 0{,}69\ \text{kN/m} \cdot 1/0{,}87$
$= 1{,}15\ \text{kN}$

Aus der Tabelle 4.30 können dann die Abmessungen der Stützen entsprechend der erforderlichen Tragfähigkeit und der gewünschten Stablänge ausgewählt werden.
Sind die Stützen nicht freistehend, sondern durch Verstrebungen gegen Ausknicken in jede Richtung gesichert, so ist als Stablänge jeweils nur die freie Stützlänge zwischen den Verstrebungen zu berücksichtigen. Im erwähnten Beispiel würde für eine nicht verstrebte Stütze also ein Kantholz von 6/6 cm erforderlich sein.
Neben der Tragfähigkeit der Konstruktion ist auch eine ausreichende Standsicherheit des Bauwerks vor allem gegen Kippen zu sorgen. Dies wird durch Aussteifen der Dach- und Wandflächen z.B. durch Auskreuzen mit einem Seil oder durch Ausfüllen einzelner Flächen mit Holzplatten oder -brettern erreicht. Die Verglasung selbst darf nicht zur Aussteifung eingesetzt werden, um Glasbruch zu vermeiden.

Statik ganz anschaulich

An einem Modell des Gewächshauses im Maßstab 1:10 oder 1:20 (Holzstäbe gibt es ab 1 x 2 mm in jedem Bastelladen) lässt sich leicht und anschaulich die Tauglichkeit einer geplanten Konstruktion überprüfen. Sind die Stäbe – also die Tragkonstruktion des Gewächshauses – zusammengeleimt (mit Uhu-Plus o.ä.), wird mit sanftem Fingerdruck die Statik geprüft. Lässt sich die Holzkonstruktion bewegen, sollten Verstrebungen als statische Unterstützung eingebaut werden (oder die Konstruktion wird neu überlegt). Stets müssen die konstruktiven Holzteile in sich einen statisch festen Verbund ergeben, die aussteifende Wirkung von Glas als Ausfachung sollte nicht zur Förderung der Eigenstabilität der Konstruktion eingesetzt werden, es sei denn, man möchte den Absatz der Glasindustrie fördern!

Es ist nützlich, bei der Holzkonstruktion seinen Ehrgeiz darauf zu verlegen, auch holzgerechte Verbindungen herzustellen. Zwar lässt sich alles „irgendwie" zusammenfügen – Missachtungen aber, z.B. im Bereich des konstruktiven Holzschutzes, rächen sich in der Regel spätestens nach dem ersten Winter.

Ist das Modell zufriedenstellend ausgefallen, fühlt man sich aber bei der Dimensionierung der Holzstärken nicht sicher, so hat der örtliche Schreiner oder Zimmermann vielleicht noch ein paar gute Tipps auf Lager und kann die Holzstärken angeben. Danach wird die Materialliste so vollständig wie möglich zusammengestellt, der Bauablauf geplant (z.B. welche Teile sich am Boden vorfertigen lassen, Reihenfolge der Montage etc.), ein voraussichtlicher Zeitplan für die einzelnen Bauabschnitte aufgestellt und die benötigten Werkzeuge aufgelistet. Eventuell ist es ratsam, für mithelfende Freunde noch eine Unfallversicherung abzuschließen.

So vorgesorgt, kann eigentlich nicht mehr viel schief gehen, den kleinen Pannen, die trotzdem eintreten werden, sollte mann/frau gelassen gegenüberstehen.

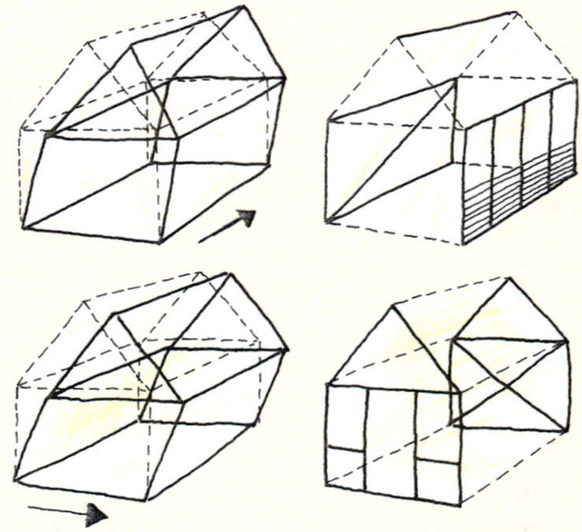

Problem: Gewächshaus instabil in Längs-/Querrichtung

Lösung:
- Längs-/Queraussteifung durch eine zug- und druckfeste Diagonalverstrebung (Holz, Metall) oder Längs-/Queraussteifung durch Auskreuzen mit 2 Zugbändern (Stahlseile)
- Aussteifen der Quer-/Längsseiten durch zusätzliche starre Rahmen oder Platten

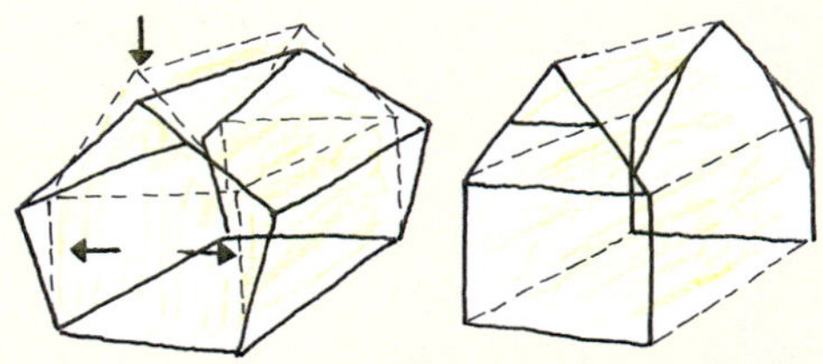

Problem: Gewächshaus instabil gegen Belastung von oben

Lösung:
- Versteifen der Konstruktionsverbindungen an den Querseiten durch Streben und Riegel (Holz, Metall), so dass die Teile starre Dreiecke bilden
- Verbinden der Längsseiten durch Zugbänder oder Platten

Transparente Abdeckung

Als Material für die transparente Abdeckung des Gewächshauses kommen Glas und Kunststoffe (Platten und Folien) in Frage (Abb.4.31).

Einfachverglasung

Speziell für Gewächshäuser sind *Gartenblankglas* und *Gartenklarglas* in den Stärken 3 mm (besser 4 mm) üblich und in vielen Standardabmessungen erhältlich. Gartenblankglas ist beidseitig glatt und durchsichtig, entspricht also dem normalen Fensterglas. Gartenklarglas hat auf einer Seite eine genörpelte Oberfläche und ist durchscheinend. Durch die genörpelte Oberfläche wird die einfallende Strahlung gestreut, was sich günstig auf das Pflanzenwachstum auswirkt, da durch das diffusere, weichere Licht Verbrennungen an Pflanzen bei starker Einstrahlung verhindert werden. Die genörpelte Seite wird immer nach innen verlegt. Garten-

4.31
Eindeckungsmaterialien.

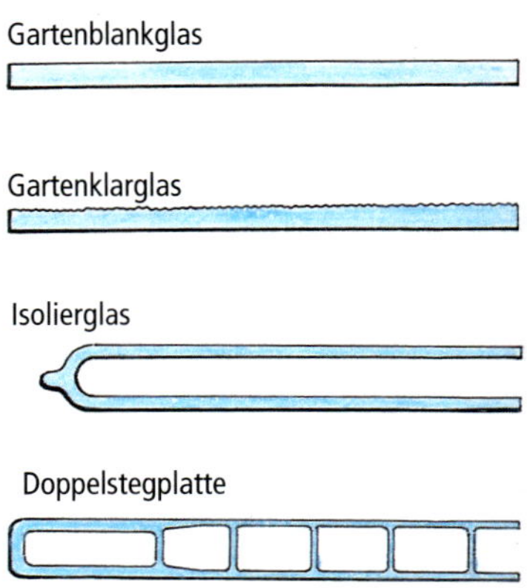

4.32
Lichtdurchlässigkeit verschiedener Bedachungsmaterialien im Neuzustand bei senkrechtem Lichteinfall.

Lichtdurchlässigkeit von Bedachungsmaterialien	
Material	Lichtdurchlässigkeit
Gartenblankglas	89 - 93%
Gartenklarglas	89 – 93%
Doppelglas/Isolierglas	80 – 83%
Stegdoppelplatte Acryl	86 – 91%
Stegdoppelplatte Polycarbonat	77%
PE-Folie, uv-stabilisiert	89 – 92%
Luftpolsterfolie, große Noppen	88 – 90%
Luftpolsterfolie, mittlere Noppen	90 – 92%
Luftpolsterfolie, kleine Noppem	90 – 92%
PE-Folie und Blankglas	84 – 85%
Luftpolsterfolie, große Noppen und Blankglas	80 - 83%

4.33
Verglasungssystem Einfachverglasung und Folie innen (Schnitt).

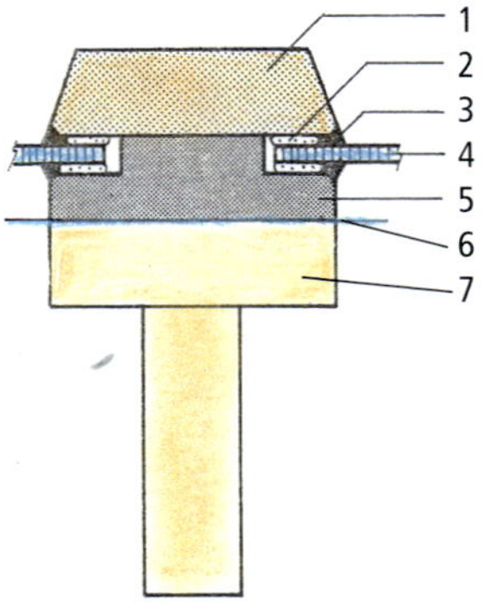

1 Glasabdeckleiste aus Leisten (Lärchenholz) 6/2 cm
2 Glasvorlegeband (PE-Schaumband), 9 x 3 mm
3 Silikonkautschuk, innen und außen zur Abdichtung der Scheibe, eingespritzt
4 Glas, 4 mm
5 Glasauflageleiste
6 PE-Folie
7 T-Sparren aus Brettern 6/2 cm

klarglas ist bruchempfindlicher als Blankglas. Die Lichtdurchlässigkeit einer Einfachverglasung bei senkrechtem Lichteinfall liegt bei 89-92%, je nach Eisengehalt des Glases (Abb. 4.32). Da sich Glas bei Wärme ausdehnt, darf es nicht fest in seiner Fassung eingespannt sein, sondern sollte nach allen Seiten Dehnfugen (ca. 0,5 cm) haben. Einfachverglasung ist verhältnismäßig preisgünstig, hat aber die Nachteile, dass das Glas bei Unwettern (Hagel) und anderen mechanischen Einwirkungen (Ballspiel) leicht bricht und verhältnismäßig schlecht wärmedämmt. Sein Wärmeverlust (mit U = 5,2 W/m²K) ist etwa doppelt so hoch wie der einer 16 mm starken Doppelstegplatte.

Bei Einscheibenverglasungen kondensiert die Feuchtigkeit in der Luft an den kalten Scheiben auf der Innenseite und läuft als Wasser an ihnen ab, anders als bei Isolier- und Stegdoppelplatten (siehe unten), bei denen die Innenseite vergleichsweise warm ist, d.h. der Wasserdampf fällt weniger aus, sondern bleibt in der Luft. Recht problemlos und preiswert kann die Wärmedämmung eines einfach verglasten Gewächshauses verbessert werden, wenn innen zusätzlich eine Gewächshausfolie verspannt wird. In der Regel entsteht keine Feuchtigkeit im Bereich zwischen Verglasung und Folie, nachteilig ist aber, dass die Folie eine weitaus geringere Lebensdauer als das Glas hat.

Bei Einfachverglasung kann das Glas in eine Glasauflageleiste aus Holz zwischen Schaumbändern eingelegt (Abb. 4.33) und mit einer Glasabdeckung aus Holz oder einem wetterbeständigen Aluminiumprofil befestigt und abgedichtet werden. Die Glasauflageleiste wird dabei mit dem Sparren verschraubt. Solche Profile können so oder leicht modifiziert an nahezu allen Stellen des Gewächshauses für die Verglasung eingesetzt werden. Als elastisches Auflager für die Scheibe wird in den Falz sowie auf der Unterseite der Glasabdeckleiste selbstklebendes Vorlegeschaumband gefestigt. Für die Glas-

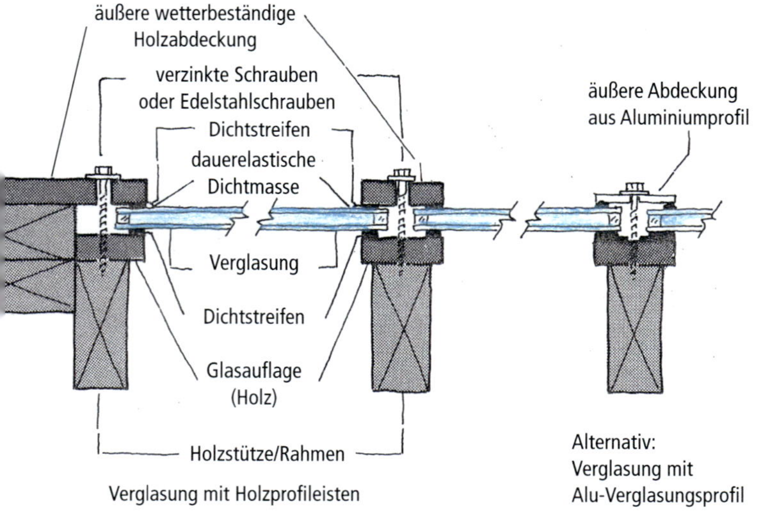

4.34
Verglasung mit Holz-Abdeckleiste (links) und Aluminiumprofil (rechts).

abdeckleisten wurden im Bildbeispiel (siehe Abb. 4.33) 20 mm starke, gehobelte Lärchenholzleisten verwendet, 6 cm breit. Lärchenholz ist sehr harzhaltig und gilt daher als gut geeignet für den Außenbereich. Nun sind die Abdeckleisten aber sehr starken Beanspruchungen durch das Wetter ausgesetzt und wer sich scheut, sie von Zeit zu Zeit zu ersetzen, sollte besser witterungsbeständige und deshalb wartungsfreie Alumiumprofile einsetzen. Diese gibt es für die Befestigung von Doppelstegplatten mit hochwertigen Gummidichtlippen, alternativ können aber für Einfachverglasungen auch Aluminium-Flachprofile verwendet werden (Abb. 4.34). Diese Standardprofile werden wie die Holzabdeckleisten auch von unten mit einem Glasvorlegeband beklebt, auf die Sparren aufgeschraubt und die Fugen mit Silikonkautschuk abgedichtet.
Die Glashalteleisten und die –abdeckleisten werden mit verzinkten Schrauben (z.B. mit selbstschneidenden Kreuzschlitzschrauben, die sich mit dem Akku-Schrauber eindrehen lassen) auf der Tragkonstruktion bzw. an den Glashalteleisten befestigt. Die Fuge zwischen Holz und Glas wird außen mit Silikonkautschuk abgedichtet und mit dem Finger (vorher mit in Wasser gelöstem Geschirrspülmittel befeuchten) glattgezogen.

Die Vorteile von Glas: Es ist

- weitgehend temperaturbeständig,
- kratz- und wetterfest,
- leicht erhältlich,
- ästhetisch,
- unempfindlich gegen chemische Einflüsse
- und hat eine lange Lebensdauer.

Die Nachteile: Es ist

- bruchempfindlich bei Transport
- bruchgefährdet beim Einpassen des Glases und bei Behinderung der thermischen Ausdehnung,
- nicht schlagfest (z.B. bei Hagel oder anderen mechanischen Belastungen).

Hinweis: Bei der Festlegung der Maße für das Gewächshaus sollten die Standardabmessungen der Verglasung berücksichtigt werden (Abb. 4.35). Bei der Verwendung großflächiger Kunststoffplatten, die sich in nahezu beliebigen Maßen zuschneiden lassen, mag dies unerheblich erscheinen. Will man jedoch preiswertes Gartenglas verwenden, so ist man bei Flächen, die verglast werden sollen, an bestimmte Längen und Breiten gebunden.

Isolierverglasung

Isolierglas besteht aus 2 Glasscheiben (Luftzwischenraum 6 - 12 mm, je nach Fabrikat), die miteinander verschweisst oder verklebt sind. Durch die zusätzliche Reflexion an der 2. Scheibe ist die Lichtdurchlässigkeit gegenüber Einfachglas um 5-15% geringer. Der Wärmeverlust bei einer Isolierverglasung ist allerdings ebenfalls wesentlich geringer als bei einer Einfachverglasung. Isolierverglasung ist teurer als Stegdoppelplatten, ihr Gewicht erheblich höher, was bei der Dimensionierung der Gewächshauskonstruktion berücksichtigt werden muss. Isolierverglasung bie-

Abmessungen von Gartenglas		
Glasart	Stärke	Abmessungen (Breite x Höhe)
Garten-blankglas	4 mm	60 x 200 cm 30 x 174 cm 43 x 165 cm 73 x 143 cm
Garten-klarglas, genörpelt	4 mm	60 x 200 cm 60 x 174 cm 73 x 165 cm 73 x 143 cm

4.35
Standardmaße von 4 mm Gartenglas.

4.36
U-Werte von Gewächshäusern mit Doppelbedachung aus Einfachglas und Folie bei 4 m/s Windgeschwindigkeit.

U-Werte von Gewächshäusern bei 4 m/s Windgeschwindigkeit		
Material	U-Wert	Einsparung
Einfachglas	8,65 W/m²K	0%
Einfachglas + PE-Folie, undicht	8,3 W/m²K	4%
Einfachglas + PE-Folie verklammert (dicht)	6,4 W/m²K	26%
Einfachglas + Luftpolsterfolie verklamm. (dicht)	4,9 W/m²K	43%
Einfachglas + Schattiergewebe	7,3 W/m²K	15%

tet sich deshalb insbesondere für die Stehwände hochwertiger Anlehnwintergärten an. Zu Wohnzwecken genutzte Anlehnwintergärten müssen übrigens gemäß der Wärmeschutzverordnung ausreichend wärmegedämmt werden. Auch für die Dachverglasung gibt es besondere Vorschriften. Für Gewächshäuser zur Pflanzenaufzucht ist die Verwendung von Isolierverglasung weitgehend unüblich.

Stegdoppelplatten (Hartkunststoffplatten, auch Hohlkammerplatten genannt)

Stegdoppelplatten bestehen aus 2 parallelen Kunststoffscheiben, die durch eingelassene parallele Stege miteinander verbunden sind (siehe Abb. 4.31). Sie sind gut lichtdurchlässig, allerdings nicht glasklar. Stegdoppelplatten habe aufgrund des eingeschlossenen Luftpolsters ein gutes Wärmeisolationsvermögen. Üblich im Gewächshausbau sind Platten aus Acryl sowie aus Polycarbonat, die unter verschiedenen Markennamen und Stärken angeboten werden. In der Praxis bewährt haben sich Doppelstegplatten in einer Stärke von 16 mm, sie haben eine hohe Eigenfestigkeit. Platten in geringeren Stärken sind oftmals nicht stabil genug und auch ihr Wärmedämmverhalten ist nicht zufriedenstellend. Acrylplatten (16 mm Stärke) haben eine Lichtdurchlässigkeit von 86%, im Vergleich dazu kommen Platten aus Polycarbonat nur auf 77%. Da Stegdoppelplatten geringfügig wasserdampfdurchlässig sind, müssen sie immer mit Gefälle zur Stegrichtung verlegt werden und dürfen an den unteren Enden nicht völlig abgedichtet sein, damit das Kondenswasser abfließen kann, das sich an der Innenseite der äußeren Platte bildet. Es gibt Doppelstegplatten aus Plexiglas im Handel (Markenname z.B. „Alltop“), die innen mit einer sogenannten „No-Drop-Beschichtung“ ausgestattet sind und deshalb weniger veralgen und verschmutzen. Ein Problem bei Stegdoppelplatten, besonders wenn es keine Markenfabrikate sind, kann Vergilben und Verspröden sein, was zu Lichtverlust und erhöhter Bruchgefahr führen kann.
Platten aus Acryl und Polycarbonat lassen sich biegen, sägen, bohren, fräsen und kleben (Kleber: Acryfix). Bei der Verlegung ist unbedingt darauf zu achten, dass die beträchtlichen Längenänderungen bei Temperaturschwankungen durch das Befestigungssystem zugelassen werden. Als Halteleisten sollten deshalb die speziell dazu angebotenen Aluprofile oder andere Profile mit weicher Randeinspannung gewählt werden.
Stegdoppelplatten haben sich im Hobbygewächshausbau in den letzten Jahren stark durchgesetzt. Im Vergleich zu Glas weisen sie ein geringeres Flächengewicht auf, was leichtere Tragkonstruktionen ermöglicht. Glas und Stegdoppelplatten sind gewöhnlich nicht durchlässig für uv-Strahlung. Es gibt spezielle Plexiglas-Doppelstegplatten, die uv-durchlässig sind, was sich auf die Farbstoffentwicklung in den Blättern und auf den Geschmack der Gemüse und Früchte vorteilhaft auswirken soll.

Fotos linke und rechte Seite:
Alles selbstgebaut – Gewächshausrealität in Schrebergärten.

Kunststoff-Folien

Da die Lichtdurchlässigkeit aller Kunststoff-Folien unter dem Einfluss der Witterung abnimmt, haben die preiswerten Kunststoff-Folien ihre Berechtigung dort, wo es darum geht, mit geringem Material- und Konstruktionsaufwand kostengünstig und für eine begrenzte Zeit (ca. 3 bis 5 Jahre) einen klimatisierten Raum für die Pflanzenaufzucht zu schaffen. Foliengewächshäuser geben allerdings auch in der Nacht ein erhebliches Maß an Wärmestrahlung nach außen ab. Die im Garten verwendeten Folien aus Polyäthylen (PE) sind uv-stabilisiert, d.h. sie verspröden nicht und trüben durch Sonnenlicht nicht so schnell ein. Die PE-Folien gibt es mit weiteren Zusätzen (Additive), um z.B. die Infrarot-Durchlässigkeit oder Tropfenkondensation zu verringern, ihre Elastizität zu erhöhen usw. Auch Folien aus PVC sind im Handel erhältlich. Da die Herstellung und Entsorgung von Produkten aus PVC generell aber wenig umweltfreundlich ist, sollte auf ihren Einsatz verzichtet werden.

PE-Folien werden, etwas teurer, auch mit eingelagerten Verstärkungsgeweben aus Nylon, Polyester und Glasfaser angeboten. Durch die Verstärkungsgewebe wird die mechanische Festigkeit erhöht, so dass mit einer Lebensdauer von mindestens 5 Jahren gerechnet werden kann. Geeignet sind die Folien als zweite, innere Abdeckung im Gewächshaus zur Verminderung der Wärmeverluste z.B. bei Einfachverglasung.

Neben den 0,10 bis 0,20 mm starken Folien gibt es auch Noppen- oder Luftpolsterfolien, Doppelfolien, die durch eingeschlossene Luftkammern gut zur zusätzlichen Wärmedämmung im Winter beitragen können. Wie die Tabelle 4.36 zeigt, ist es durch eine dicht befestigte Luftpolsterfolie möglich, die Wärmeverluste einer einfach verglasten Fläche erheblich zu reduzieren. Die Folienbespannung ist dann wirksam, wenn sie so angebracht wird, dass eine ruhende Luftschicht zwischen Glas und Folienbahn entsteht. Die Folie sollte also möglichst luftdicht angebracht und mit Edelstahlklammern, Klebebändern, Klemmschienen oder Profilen befestigt werden. Die Lichtdurchlässigkeit von Einfachverglasung nimmt durch Unterspannen einer Folie natürlich etwas ab. Auch bei der Verlegung von Kunststoff-Folien sollte stets die nicht unerhebliche Längenausdehnung bei Temperaturzunahme beachtet werden.

Die Vorteile: Folien haben eine

- geringe Bruchempfindlichkeit, daher sind sie
- viel einfacher zu transportieren und einzusetzen,
- haben ein wesentlich geringeres Gewicht, und sind
- beträchtlich billiger als Glas.

Die Nachteile: Kunststofffolien sind

- z.T. schlecht bzw. mangelhaft uv- und wärmebeständig,
- nicht kratzfest, d.h. empfindlich gegenüber Oberflächenbeschädigungen,
- anfällig für Verschmutzung durch elektrostatische Aufladung der Oberfläche und
- im Vergleich zu Glas weniger haltbar (d.h. kürzere Lebensdauer).

Einfache Verpackungsfolien oder Folien aus dem Baumarkt, z.B. Baufolien, werden zwar gerne benutzt, sind aber nicht wirklich geeignet, da sie nicht uv-stabilisiert sind und deshalb eine Lebenssdauer von nur etwa 6 - 12 Monaten haben.

Wärmespeicherung

Um die Temperaturschwankungen gering zu halten und um die überschüssige Wärme sonniger Tage möglichst nicht schnell wieder an die Atmosphäre abzugeben, sind im Solargewächshaus wärmespeichernde Bauteile notwendig. Sie können die Wärmeenergie aus der Sonneneinstrahlung zumindest teilweise speichern und sie bei fehlender Einstrahlung und zurückgehender Umgebungstemperatur wieder abgeben. Sinkt die Umgebungstemperatur unter die Temperatur, welche die Speichermasse im Gewächshaus im Tagesverlauf erreicht hat, verhält sie sich wie ein „Heizkörper", der so lange Wärme abgibt, bis sich seine Temperatur der Umgebungstemperatur angeglichen hat. Abb. 4.37 zeigt beispielhaft den schematischen Energiefluss in einer Wand. Durch die Zeitverschiebung zwischen Wärmeaufnahme und Wärmeabgabe wird erreicht, dass die tagsüber eingestrahlte Sonnenenergie während der kühlen Abendstunden und in der Nacht wieder abgegeben wird, in unserem Fall also dem Gewächshaus zugute kommt.

Als Wärmespeichermaterialien sind geeignet:

- Feststoffe (wie z.B. Erde, Sand, Ton, Kies, Beton, Lehm, Naturstein und Ziegel) und
- Flüssigkeiten (insbesondere Wasser in Behältern, evtl. mit Zusatz von Frostschutzmitteln wie z.B. Salz).

Tabelle 4.38 zeigt die Stoffeigenschaften einiger Baumaterialien. Das spezifische Wärmespeichervermögen eines Baustoffes (als Produkt aus Dichte und spezifischer Wärme) ist umso größer, je größer seine Dichte (in kg/m^3) und seine spezifische Wärme (aufnehmbare Wärmemenge in Wh/kg°K) ist. Wasser hat trotz seines verhältnismäßig geringen spezifischen Gewichtes eine große Wärmespeicherfähigkeit (in Wh/ m^3 K) und ist daher als Wärmespeichermedium hervorragend geeignet.
Wieviel Energie in einem Bauteil gespeichert werden kann, hängt außer von der Wärmespeicherfähigkeit des Baustoffes auch vom Volumen des Bauteils und der nutzbaren Temperaturdifferenz ab.
Ergänzend gibt die Wärmeleitfähigkeit in W/m·K an, wie gut Wärme durch einen Stoff hindurchfließt. Je kleiner dieser Wert ist, desto besser ist das Wärmedämmvermögen eines Stoffes. Die Wärmeaufnahmefähigkeit und die Zeitverzögerung bei der Wärmeabgabe wird jedoch nicht nur durch die spezifischen Eigenschaften

4.37
Energiefluss durch eine Wand (schematisch).

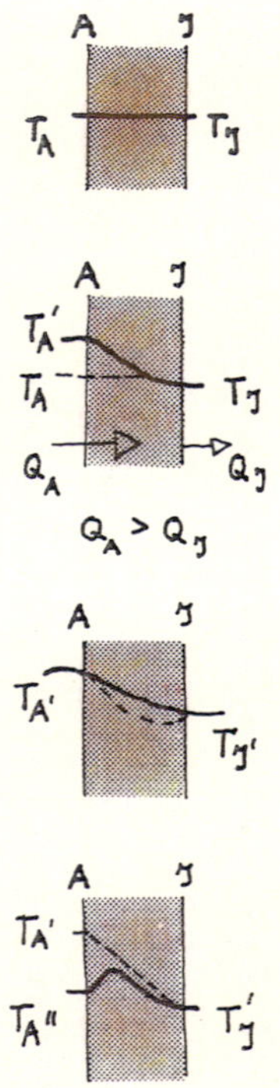

Eine massive Wand trennt 2 Räume A und I mit zunächst gleicher Temperatur. Die Wand hat ebenfalls die Temperatur der Räume. Es fließt kein Wärmestrom durch die Wand.

Wird die Temperatur auf der Seite A z.B. durch Sonneneinstrahlung angehoben, fließt ein Wärmestrom Q_A von der wärmeren zur kalten Seite. in die Wand. Der auf der Seite I abfließende Wärmestrom Q_I ist zunächst kleiner als Q_A.Die Wand wird erwärmt, Wärmeenergie gespeichert.

Dieser Vorgang geht so lange weiter, bis der Wärmestrom Q_I an der Seite I genauso groß ist wie Q_A an der Seite A. Der Wärmedurchgang durch die Wand wird stationär, das Temperaturgefälle in der Wand wird linear.

Sinkt die Temperatur auf der Seite A wieder, z.B. in der Nacht, fließt gespeicherte Wärme aus dem aufgeheizten Wandinneren zu den kälteren Oberflächen sowohl nach innen wie nach außen ab. Der Wärmespeicher Wand entlädt sich.

Stoffe bei 20°C	Rohdichte ρ in kg/m³	· spez, Wärme c in Wh/kg·K	= Wärmespeichervermögen w in Wh/m³·K	Wärmeleitfähigkeit λ in Wh/m·K
Luft	ca, 1,2	0,28	0,4	0,02
Glaswolle	120	0,23	28	0,04
Bauholz	600	0,46	276	0,14
Bimsbeton	1000	0,29	290	0,35
Eichenholz	800	0,43	348	0,21
Sand, trocken	1500	0,23	348	0,58
Erde, trocken	1000 - 2000	0,23	230 – 700	0,17 – 0,58
Ziegel	1700	0,23	379	0,75
Zementmörtel	2000	0,24	484	1,4
Stahlbeton	2200	0,30	660	1,56
Naturstein, dicht	3100	0,23	730	3,48
Kupfer	9000	0,10	900	348,0
Stahl	7800	0,13	1020	58,0
Eisen	7250	0,15	1093	58,0
Wasser	1000	0,16	1160	0,58

4.38
Stoffcharakteristika einiger Baustoffe (Quelle 20).

und das Volumen des Speichermaterials bestimmt, sondern ist auch vom Verhältnis der Speicheroberfläche zu seinem Volumen abhängig, da die Wärme hauptsächlich durch Konvektion (siehe auch Abb. 2.3) an die Luft abgegeben wird. Eine 200 l Wassertonne als Wärmespeicher wird deshalb thermisch anders reagieren als vierzig 5 l Wasserkanister, die aufeinander gestapelt sind. Die 5 l-Wasserbehälter werden durch ihre größere Oberfläche im Verhältnis zum Wasservolumen mehr Einstrahlung in kürzerer Zeit absorbieren können als die Wassertonne und ebenso auch die gespeicherte Wärme schneller abgeben. Die Zeitverschiebung (Phasenverschiebung) zwischen Wärmeaufnahme und Wärmeabgabe lässt sich somit durch die Geometrie des Speichers beinflussen. Für das Gewächshaus ist es günstig, sowohl Kurzzeitspeichermassen (große Oberfläche/geringes Volumen) als auch Langzeitspeichermassen (kleine Oberfläche/großes Volumen) vorzusehen, die über Schlechtwetterperioden hinweghelfen.

Bei einem an ein Gebäude angelehntes Gewächshaus ist ein guter Wärmespeicher meist schon vorhanden: Die massive Rückwand, an die das Gewächshaus angebaut ist. Zum einen ist die Rückwand, wenn das Gewächshaus eine Südorientierung hat, direkt der Sonneneinstrahlung ausgesetzt, zum anderen leitet sie die absorbierte Wärmestrahlung wei-

4.39
Wärmespeicherwand aus 5 l-Kunststoffkanistern und 200 l-Metallfässern.

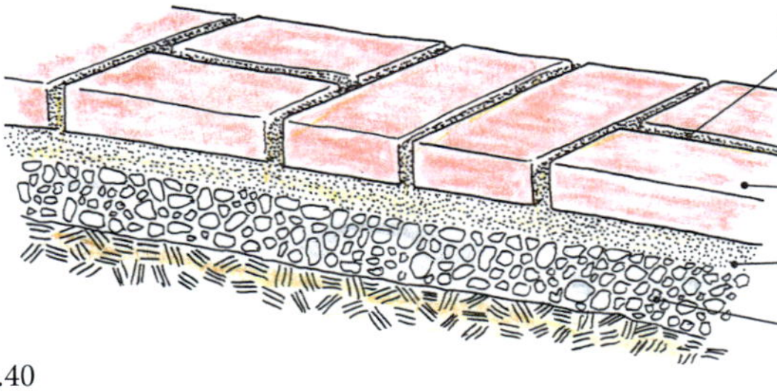

4.40
Ziegelsteine als Gehbelag, lose im Sandbett verlegt, dienen auch zur Wärmespeicherung.

ter, die dann dem dahinter liegenden Raum zugute kommt (während die Wärmeverluste des Raumes durch die Wand wiederum die Temperaturen im Gewächshaus günstig beeinflussen). Zur Wärmespeicherung, sowohl im angelehnten als auch im freistehenden Gewächshaus, tragen natürlich auch Erde, Bodenbeläge im Gehbereich aus Ton- und Steinplatten (Abb. 4.40), massive Pflanzentröge usw. bei. Hier sind vor allem die oberflächennahen, 10 bis 20 cm dicken Materialschichten für die Wärmespeicherung wirksam. Als zusätz-

4.41 Wasser-Wärmespeicher

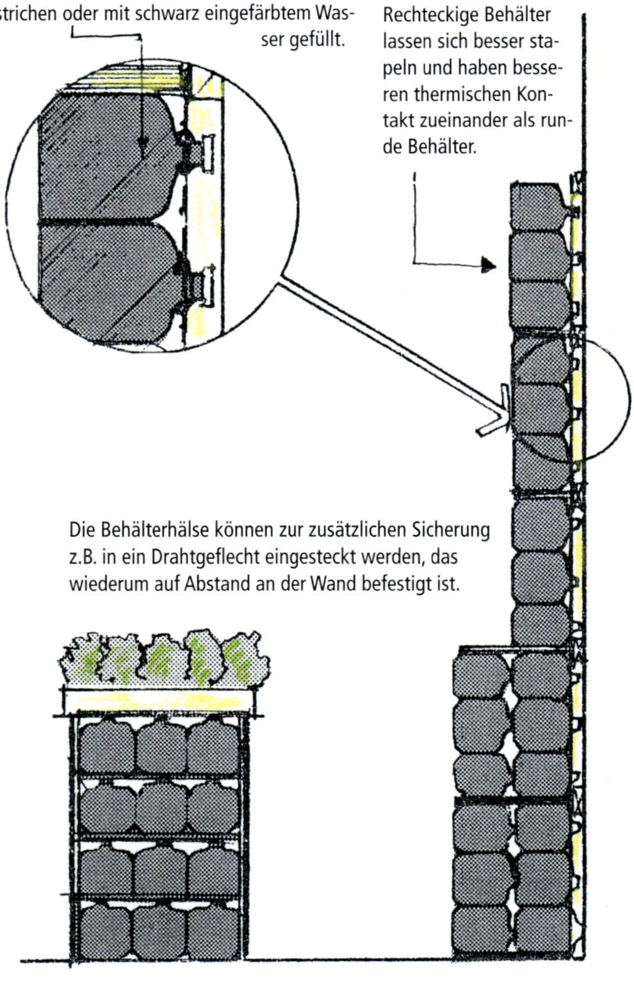

Absorption verschiedener Oberflächen	
Art der Oberfläche	Absorptionskoeffizient
Anstrich, schwarz, matt	0,95
Beton, scharz durchgefärbt	0,91
Lackfarbe, dunkelblau	0,91
Ölfarbe, schwarz	0,90
Anstrich, dunkelbraun/dunkelblaugrau	0,88
Lackfarbe, azurblau/dunkelgrün	0,88
Beton, braun durchgefärbt	0,85
Anstrich mittelbraun	0,84
Lackfarbe blau/grün	0,79
Anstrich, mittleres rostbraun	0,78
Ölfarbe, rot	0,74
Ziegel, rot	0,70
Beton, ungefärbt	0,65
Ziegel, leicht eingelassen	0,60
Anstrich, mattgrün	0,59
Anstrich, orange	0,58
Anstrich, gelb	0,57
Anstrich, helles mittelblau	0,51
Anstrich, hellgrün	0,47
Anstrich, weiss, halbmatt	0,30
Glanzfarbe, weiss	0,25
polierte Aluminiumreflektorplatte	0,12

4.42
Strahlungsabsorption von Oberflächen (Quelle 21).

liche Speichermasse bieten sich wassergefüllte Behälter an, die aufgrund des guten Wärmespeichervermögens von Wasser im Gewächshaus im Verhältnis zu massiven Materialien recht wenig Raum einnehmen. Unsere Gesellschaft produziert laufend eine unglaubliche Menge von Wegwerf-Behältern aus Kunststoff oder Metall, die zur Wasserspeicherung verwendet werden können und billig oder umsonst zu bekommen sind (z.B. bei Großküchen anfragen). Die Behälter sollten zur besseren Strahlenabsorption dunkel oder schwarz angestrichen und so gestapelt werden, dass sie einen guten thermischen Kontakt miteinander haben (Abb. 4.41).
Da sich vor allem morgens auf den Behältern oft Feuchtigkeit niederschlägt, ist eine Unterbringung in Holzregalen o.ä. wegen der Gefahr von Pilz- und Schädlingsbefall nicht zu empfehlen.
Sollte im ungeheizten Gewächshaus in strengen Wintern Frost auftreten, muss mit einem Einfrieren der Speichermasse (Wasser ohne Frostschutz) gerechnet werden – also keine Glasbehälter verwenden! Ganz vorsichtige Menschen geben Frostschutzmittel in das Wasser, wenn nicht sichergestellt ist, dass das Gewächshausinnere frostfrei über den Winter kommt. Als Frostschutz geeignet ist z.B. Streusalz (15 Gewichtsteile Salz in 100 Gewichtsteilen Wasser ergeben eine Erstarrungstemperatur von etwa –10°C). Die Wasserbehälter sollten – wenn möglich – mit einer Seite der direkten Sonneneinstrahlung ausgesetzt sein und nie bis zum Rand vollgefüllt werden, da sich Wasser bei Erwärmung ebenso wie bei der Eisbildung ausdehnt. Nicht vollgefüllte Kunststoffbehälter werden eine Volumenvergrößerung durch Eisbildung aber meist schadlos auch ohne Frostschutz überstehen können (dennoch Gefahr der Zerstörung durch Kälteversprödung).

Als Faustregel für die Speichermasse gilt: Pro m² transparenter Hüllfläche sind 120 bis 200 l Wasser oder 300-400 kg massives Speichermaterial notwendig. Zur Orientierung: 1m² Ziegelmauerwerk (24 cm) wiegt etwa 400 kg und reicht damit für gut 1 m² transparenter Fläche.
Da im Gewächshaus häufig Wasser zum Gießen der Pflanzen benötigt wird, kann auch ein Regenwasserbecken oder –fass sehr gut als Wärmespeicher dienen. Die Größe wird sich nach dem verfügbaren Platz richten. Pro 100 l Speichervolumen sollten etwa 3 – 5 m² Regenauffangfläche angeschlossen werden. Es ist ratsam, den Überlauf des Speichers wieder nach draußen zu führen, um Überschwemmungen im Gewächshaus zu vermeiden.
Um den knappen Platz im Gewächshaus nicht durch voluminöse Wär-

Legende:
1 Estrich, 4 – 6 cm, eventuell mit Ziegelpflaster oder Fliesen belegt
2 Unterbeton, 6 cm
3 Kiesschüttung, Korngröße 32 – 64 mm, 30 – 80 cm dick unter der gesamten Gewächshausfläche
4 Zuluft ins Gewächshaus: Sie tritt an seitl. Luftöffnungen beim Kiesbett aus und wird mittels Ventilator (6) über den Sammelkanal (7) ins Gewächshaus geblasen
5 Luftkanal saugt warme Luft am First ab und führt sie in den Kiesspeicher
6 Elektrischer Ventilator, 50 bis 200 W, je nach Gewächshausgröße
7 Sammelkanal für Zu- und Abluft

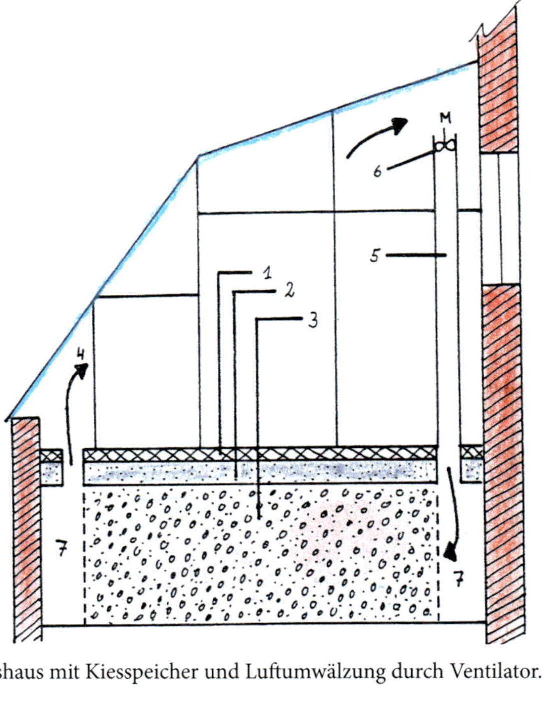

4.43 Gewächshaus mit Kiesspeicher und Luftumwälzung durch Ventilator.

4.44
Nicht erstrebenswert: Permanente „Zwangslüftung".

mespeicher einzuschränken, wird immer wieder erwogen, anstelle von Wassertonnen und Speicherwänden einen Steinspeicher im Boden des Gewächshauses anzulegen: Warme Luft wird am Tage oben aus dem Gewächshaus abgesaugt und mittels Ventilator durch einen Steinspeicher geblasen, der dadurch aufgeladen wird. In der Nacht kühlt das erwärmte Gestein (z.B. grober Kies) je nach Wärmebedarf durch vom Fußboden aufsteigende Wärme und Luftumwälzung wieder ab. Abb. 4.43 zeigt die Prinzipskizze. Der Mehraufwand für einen solchen Speicher, der beachtlicher Ausmaße haben muss, soll er wirksam sein, ist allerdings erheblich: Notwendig sind nicht nur umfangreiche Erdarbeiten sowie Zu- und Abluftkanäle im Boden mit Luftein- und –auslässen, sondern auch ein elektrischer Ventilator mit Temperatursteuerung.

Be- und Entlüftung

In einem nicht belüfteten Gewächshaus können bei hoher Einstrahlung Temperaturen von über 50°C entstehen.
Während im Freiland die am Boden entstehende Wärme durch Wind abgeführt wird, fließt im ungelüfteten Gewächshaus die Wärme durch die transparente Fläche sehr viel schlechter nach außen ab, was ja eigentlich auch Sinn und Zweck der Abdeckung ist.
Sowohl im freistehenden als auch im angelehnten Gewächshaus ist deshalb eine gute Be- und Entlüftung unbedingt notwendig, auch zur

Luftfeuchtigkeit und Tauwasserbildung im Gewächshaus

Da Luft bei einer bestimmten Temperatur nur eine gewisse Menge Feuchtigkeit aufnehmen und halten kann, tritt Taubildung (Schwitzwasser) ein, wenn die warme Luft an kalten Flächen abkühlt. Das Beschlagen der transparenten Abdeckung ist eine Folge dieser Tauwasserbildung und kann durch Verbessern der Wärmedurchgangszahl (des U-Wertes) der Abdeckung vermindert oder vermieden werden, d.h. indem statt Einfachverglasung eine doppelte transparente Abdeckung für das Gewächshaus vorgesehen wird (Stegdoppelplatten, Einfachverglasung mit zusätzlicher Folie etc.).
Als Folge der dadurch geringeren Schwitzwasserbildung stellt sich in solchen Gewächshäusern ein höherer Wasserdampfgehalt in der Luft ein, also eine höhere Luftfeuchtigkeit. Wenn dies für die Pflanzen nicht zuträglich ist, muss zur Senkung der Luftfeuchtigkeit gelüftet werden. Auch durch gezieltes Gießen in den Wurzelbereich der Pflanzen lässt sich die Luftfeuchtigkeit im Gewächshaus mindern.

Temperaturabhängiger maximaler Feuchtigkeitsgehalt der Luft

Lufttemperatur	Feuchtigkeitsgehalt (g/m³)	Lufttemperatur	Feuchtigkeitsgehalt (g/m³)	Lufttemperatur	Feuchtigkeitsgehalt (g/m³)
- 20°C	1,05	6°C	7,28	25°C	22,93
- 15°C	1,58	8°C	8,28	26°C	24,24
- 10°C	2,30	10°C	9,39	28°C	27,09
- 8°C	2,69	12°C	10,64	30°C	30,21
- 6°C	3,13	14°C	12,03	32°C	33,64
- 4°C	3,64	16°C	13,59	34°C	37,40
- 2°C	4,22	18°C	15,31	38°C	41,51
0°C	4,98	20°C	17,22	39°C	46,00
2°C	5,60	22°C	19,33	40°C	50,93
4°C	6,39	24°C	21,68		

Regulierung der Luftfeuchtigkeit. Durch die Entlüftung wird dafür gesorgt, dass

- die Temperatur und Feuchtigkeit geregelt werden kann und dass außerdem
- Sauerstoff und CO_2 ausgetauscht werden.

Die natürliche Lüftung eines Raumes wird durch den Wind und/oder durch die Unterschiede zwischen Innen- und Außentemperatur bewirkt. Im Gewächshaus ist der Luftaustausch bei freier Lüftung von der Größe und Lage der Lüftungsöffnungen abhängig. Der Luftaustausch durch Temperaturunterschied ist umso besser, je größer die Höhendifferenz zwischen Zu- und Abluftöffnungen ist.
Bei freistehenden Gewächshäusern sollten die Zu- und Abluftöffnungen möglichst in der Hauptwindrichtung (also in der Druck- und Sog-Zone) liegen, da mit steigender Windgeschwindigkeit der Luftaustausch zunimmt.

Anhaltswert für die Dimensionierung:
Die Fläche der Zu- und Abluftöffnungen sollte zusammen – ohne Einrechnung der Türöffnung - mindestens 20% der transparenten Fläche des Solargewächshauses betragen, wobei die Entlüftungsfläche größer als die Fläche der Zuluftöffnungen sein sollte. Vorteilhaft ist außerdem eine Höhendifferenz von mindestens 1,80 m zwischen Zu- und Abluftöffnungen. Ein guter Luftaustausch wird erzielt, wenn sich die Fenster an gegenüberliegenden Seiten (Querlüftung) befinden, davon 1/3 als Zuluftöffnung in Bodennähe und 2/3 der gesamten Lüftungsfläche als Abluftöffnung möglichst im Firstbereich. Fenster und Türen müssen sich zuverlässig betätigen lassen und sollten unter allen Witterungsbedingungen möglichst dicht schließen. Schiebetüren im Gewächshaus haben den Vorteil, platzsparend zu sein und in jeder Stellung stehen zu bleiben, ohne dass der Wind die Tür zuschlagen kann. Dadurch kann die Tür gut zur Lüftung mitbenutzt werden. Allerdings ist gerade bei Schiebetüren wichtig, dass sie stabil gebaut sind, ebenso die Lauf- und Führungsschiene. Horizontal zweiteilige Türen haben den Vorteil, dass die obere Hälfte gut zur Lüftung benutzt werden kann, und trotzdem die Tür nicht offen steht. Wegen der notwendigen Genauigkeit der Arbeit ist der Bau von Fenstern und Türen nicht jedermanns/jederfrau Sache. Alternativ kann der örtliche Tischler helfen, besonders bei großflächigen Türen und Fenstern, oder es können auch industriell her-

Tomaten und Gurken im Gewächshaus

Ein gleichmäßig feuchtes Klima und ein nährstoffreicher Boden bieten Tomaten und Gurken gute Wachstumsbedingungen im Gewächshaus. Doch während sich Tomaten bei ca. 65% Luftfeuchtigkeit wohlfühlen, ist diese Luft für Gurken viel zu trocken. Schädlingsbefall ist die Folge, Echter Mehltau und Spinnmilben siedeln sich auf den Gurkengewächsen an. Umgekehrt leiden aber Tomaten unter der höheren Luftfeuchtigkeit von ca. 85%, wie sie für Gurken optimal ist. Die Tomaten erkranken dann leicht an Samtflecken oder Braunfäule. Der Kompromiss: Gurken und Tomaten im Gewächshaus durch einen Folienvorhang trennen und den Gurkenteil häufiger wässern und seltener lüften.

4.45
Automatische Fensteröffner. Öffnet und schließt vollautomatisch ohne Stromanschluss, verfügt über eine Sturmsicherung. Für Fenster bis 7 kg bzw. für Fenster bis 25 kg Gewicht. In vielen Ausführungen erhältlich (hier: Floratherm MK 7 aus dem Katalog der Firma Krieger Gewächshäuser).

4.46
Selbstgebaut: Betonringe als Lüftungsöffnungen mit Holzklappen, die sich über ein einfaches Gestänge manuell oder mit Hilfe eines Elektromotors bedienen lassen (siehe auch Seite 123 ff.). Foto: Jochen Koller

gestellte Fertigfenster Verwendung finden.

Geeignete Beschläge zum Öffnen und Schließen der Fenster sind im Handel zu finden. Da bei direkter Sonneneinstrahlung die Temperatur im ungelüfteten Gewächshaus sehr schnell ansteigt, was für Pflanzen leicht den Garaus bedeuten kann, ist eine selbsttätige, temperaturgesteuerte Lüftung von Vorteil, besonders dann, wenn die Nutzer des Gewächshauses tagsüber häufig abwesend sind. Im Handel erhältlich sind selbsttätige, rein themo-mechanisch funktionierende Fensteröffner und motorgetriebene, durch einen Raumthermostaten gesteuerte Systeme für größere Fensterflügel, bei denen auch größere Betätigungskräfte erforderlich sind.

Die mechanisch funktionierenden, recht preiswerten Fensteröffner benötigen keinen Strom, sie nutzen die Wärmeausdehnung in einem Druckzylinder. Durch Sonneneinstrahlung dehnt sich eine Flüssigkeit oder Gas im Druckzylinder aus, bzw. zieht sich bei Abkühlung zusammen, wodurch das Gestänge bewegt und das Fenster geöffnet oder geschlossen wird. Die Fensterheber sind in unterschiedlichen Ausführungen für verschiedene Fenstergewichte bei Gewächshauszubehörfirmen erhältlich.

Schattierung

4.47
Gewächshaus mit Vorrichtung zur Außenverschattung und kleinem Werkraum auf der Nordseite.

Dass in einem unschattierten Gewächshaus im Sommer eine „Bruthitze“ entsteht, kann verhindert werden, wenn

- für eine ausreichende Be- und Entlüftung des Gewächshauses gesorgt ist und wenn
- die Tagestemperaturspitzen durch ausreichend Speichermasse im Gewächshaus reduziert werden.

Die Temperatur an den Blattoberflächen der Pflanzen kann an Tagen mit hoher Sonneneinstrahlung auch bei guter Lüftung bis zu 15°C über der Lufttemperatur liegen (Schrader/Dietrich 2011, Quelle 6). Zur Pflanzenaufzucht sind deshalb im Gewächshaus Schattiervorrichtungen notwendig, da die Strahlungsintensität für bestimmte Pflanzen anderenfalls zu groß werden kann.

Durch eine Schattiervorrichtung wird die Lufttemperatur im Gewächshaus allerdings kaum herabgesetzt (siehe Messanordnung c in Abb. 4.48). Die Lufttemperatur im Gewächshaus lässt sich nur durch Lüftung senken, die Blatttemperaturen der Pflanzen lassen sich durch Schattieren jedoch vermindern.
Unterschieden werden bewegliche bzw. unbewegliche Innen- und Außenschattierungen. Die Schattiervorrichtungen dürfen die Lüftungsöffnungen nicht verdecken.
Außenschattierungen müssen dem Wind standhalten. Als Materialien sind Leinen, Rohrgeflechte aus Schilf oder Kunststoff und Kunststoffgewebe (Schattiergewebe) gebräuchlich, die außen vor die transparente Abdeckung aufgelegt oder angebracht werden. Die Wärmeentwicklung im Gewächshaus wird etwas reduziert. Auch Kletterpflanzen können zur Schattierung eingesetzt werden. Sehr preiswert ist Schattierfarbe, die außen auf die Scheiben gestrichen wird. Sie kann fertig gekauft, aus Schlämmkreide oder Weizenmehl und Wasser aber auch selbst zusammengerührt werden. Die Schattierfarbe wird im Frühjahr aufgebracht und im Herbst wieder entfernt, erzeugt also eine Dauerschattierung, die bei trübem Wetter allerdings lichthemmend wirkt. Die Farbe wird vom Regen nach und nach ausgewaschen, der Rest lässt sich im Herbst mit warmem Wasser entfernen.
Innenschattierungen helfen zwar, die Blatttemperaturen der Pflanzen herabzusetzen, sie verhindern aber nicht die Wärmeentwicklung im Gewächshaus und behindern oftmals die Pflanzen im Gewächshaus.
Feststehende Schattierung: Bei Solargewächshäusern, deren oberer Teil des Daches nicht transparent ist, so dass die Pflanzen gegen die hochstehende Sommersonne abgeschirmt sind, die tiefstehende Sonne aber in das Gewächshaus gelangt, besteht die Gefahr, dass die Pflanzen im hinteren Teil nicht ausreichend Licht erhalten. Dies betrifft besonders die lichthungrigen wie z.B. Tomaten, Paprika und Gurken, während es mit schattenliebenden Pflanzen wie Salat dort keine Probleme gibt. Da sich die Wärme am höchsten, oberen Teil des Gewächshauses sammelt, liefert ein nichttransparenter, dafür gut gedämmter Dachteil im Winter aber andererseits natürlich einen spürbaren Beitrag, um die Wärmeverluste des Gewächshauses zu verringern.

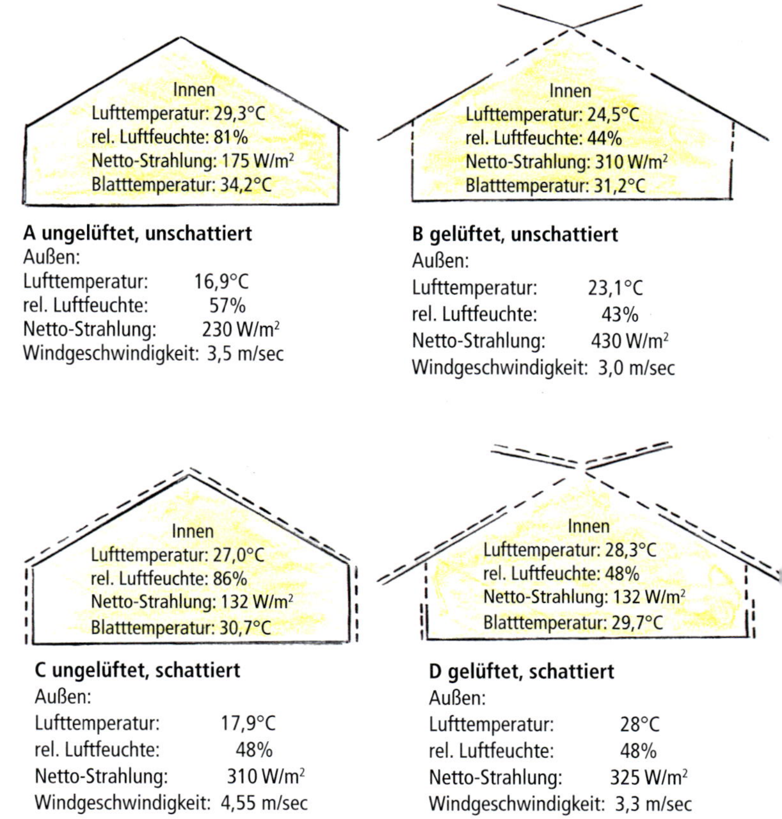

4.48 Gewächshausklimatisierung durch Schattierung Normgewächshaus, einfach verglast, N-S orientiert (Quelle 38).

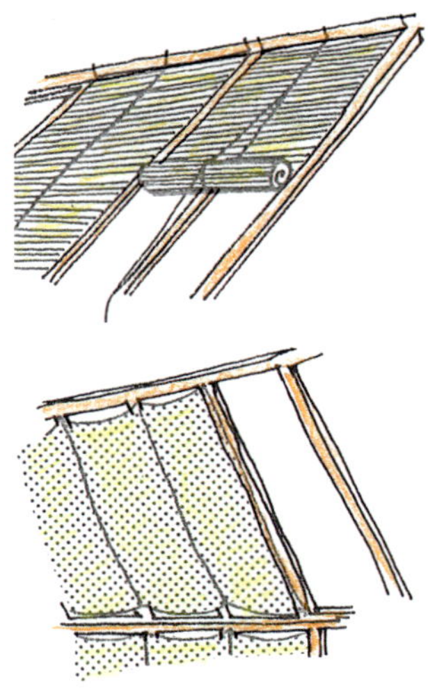

4.49
Einfache Schattiervorrichtungen für außen (oben) und innen (unten).

Wärmeschutz

Bei niedrigen Außentemperaturen und in der Nacht gibt das Gewächshaus die durch Sonneneinstrahlung gesammelte und gespeicherte Wärme wieder nach außen ab (Abb. 4.50). Um diese Wärmeverluste durch unkontrollierte Lüftung (Fugenundichtigkeit), sowie Wärmeleitung und -strahlung durch die Gebäudehülle so gering wie möglich zu halten und dadurch höhere Innentemperaturen zu erreichen, sollte den Wärmeschutzmaßnahmen am Gewächshaus besonderes Augenmerk geschenkt werden.

4.50
Energieströme im Solargewächshaus.

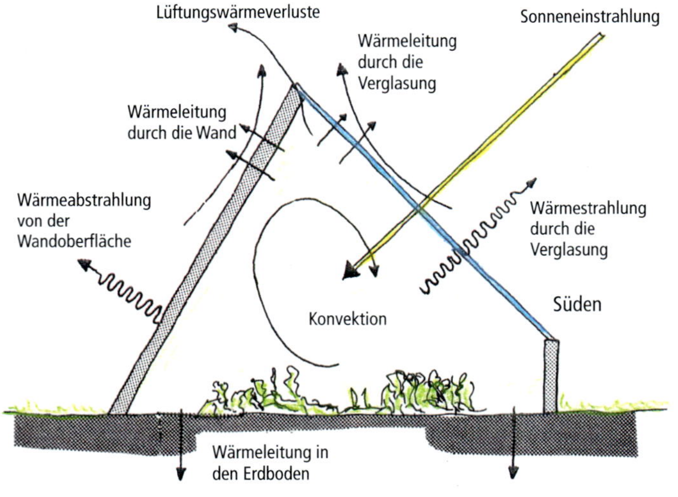

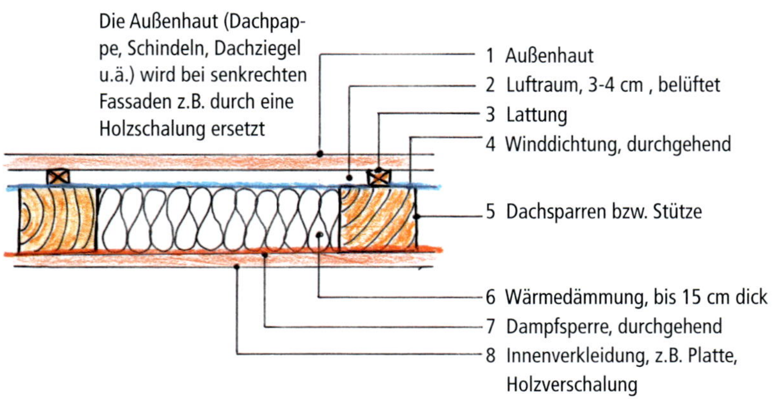

4.51 Wärmedämmung des Daches und der Wand, schematischer Aufbau.

Gegen unerwünschten Luftaustausch bei geschlossener Lüftung und die dadurch entstehenden Wärmeverluste helfen dichtschließende Fenster, Lüftungsöffnungen und Türen sowie eine gute Abdichtung der Fugen des Gewächshauses. Die Erfahrung hat gezeigt, dass selbst bei sorgfältiger Anfertigung von Dichtfalzen an Fenstern und Türen ein Mindestluftwechsel von 0,5 – 1,0 Luftaustausch pro Stunde nicht unterschritten wird. Diese Luftwechselrate ist für den Aufenthalt von Menschen und das Wachstum von Pflanzen notwendig.
Zur Senkung der Verluste durch Wärmeleitung durch die Gebäudehülle werden all die Wand- und Dachflächen des Gewächshauses wärmegedämmt, die für eine ausreichende Belichtung des Innenraums nicht transparent sein müssen. Die wärmegedämmten Flächen werden bei hölzernen Tragkonstruktionen am einfachsten dadurch hergestellt, dass die Gefache zwischen den Stützen und Trägern mit Dämmstoffmatten gefüllt werden. Zum Einsatz kommen vorzugsweise Dämmstoffmatten aus nachwachsenden Rohstoffen, wie z.B. flexible Stroh- Schilf- und Hanfmatten oder auch Zelluloseplatten aus Altpapier. Mit diesen Dämmstoffen lassen sich einfach und schnell große Wandflächen mit geringem Gewicht und guten Dämmeigenschaften aufbauen. Auf der Innenseite (d.h. raumseitig) ist unbedingt vollflächig und dichtschließend eine Dampfsperre anzubringen, die eine Durchfeuchtung des Dämmstoffes durch Feuchte aus dem Gewächshaus verhindert (Abb. 4.51). Die ge-

dämmten Flächen werden dann von innen und außen durch eine Verschalung vor dem Einfluss von Witterung, Feuchtigkeit und mechanischer Beschädigung geschützt.
Ein Aufbau der Gewächshauswände aus wärmedämmendem Mauerwerk (24 – 36 cm Poroton, Gasbeton o.ä.) ist ebenfalls möglich, jedoch aufwendiger und setzt Geschick im Umgang mit Speis und Kelle voraus.
Über die Ausführung der transparenten Abdeckung und ihre Wärmedämmeigenschaften wurde bereits auf Seite 49 ff., berichtet: Im Vergleich zu den nicht transparenten, gedämmten Flächen haben die im Gewächshaus üblichen transparenten Baustoffe schlechtere Wärmedämmeigenschaften. Der größte Teil der Wärmeenergie wird durch die transparente Fläche abgegeben, und zwar vor allem in der Nacht, wenn die Verluste nicht durch Sonneneinstrahlung von außen kompensiert werden. Um die Wärmeverluste so gering wie möglich zu halten, liegt es nahe, die transparenten Flächen in kalten Nächten durch eine temporäre Wärmedämmung zu schützen (durch Strohmatten, Luftpolster- oder Noppenfolie und dergleichen). Abb. 4.53 zeigt ein aufwendiges Außendämmsystem aus den USA: Hier wurden die starren Dämmpaneele so angeordnet, dass die innen reflektierende Oberfläche am Tage als Spiegel zur Erhöhung der Sonneneinstrahlung im Solargewächshaus dient (bei der Befestigung und Betätigung der großen beweglichen Flächen sind die möglichen Kräfte durch Windangriff allerdings eine konstruktive Herausforderung).
Innendämmung: Das Anbringen einer temporären Wärmedämmung an der transparenten Abdeckung im Innenraum hat den Vorteil, dass der

4.52 Kleines Normgewächshaus mit Noppenfolie eingepackt.

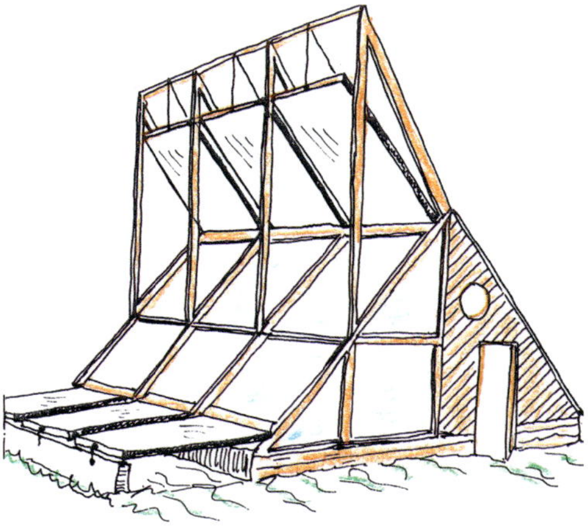

4.53 Klappbare Dämmläden mit Spiegeln zur Erhöhung der Einstrahlung.

4.54 Außendämmung mit faltbaren Paneelen.

Vliese und Folien als temporärer Wärmeschutz

Lichtdurchlässige Vliese, Loch- und Schlitzfolien, locker über die Pflanzen gelegt und an den Seiten gut schließend, sind hilfreich, um im Herbst frostempfindliche Pflanzen länger kultivieren bzw. um im Frühjahr früher anpflanzen zu können. Bis zu einer Gewächshaustemperatur von –3 bis –5°C können sie die Pflanzen vor Frost schützen. Bei kurzen Frosteinbrüchen im Frühjahr können die Pflanzen nachts einfach mit mehreren Lagen Zeitungspapier, Bläschenfolie und dgl. abgedeckt werden.

Dämmstoff und die Betätigungs- bzw. Befestigungsmechanik nicht den Beanspruchungen durch Sonne, Wind, Regen, Eis und Schnee ausgesetzt sind. Dadurch ist man bei der Wahl der Materialien freier als bei außenliegenden Dämmsystemen. Wie bei der Innendämmmung von massiven Wänden und Dächern besteht aber auch hier die Gefahr kon-

Heizen mit Rottewärme im Gewächshaus

Seit Jahrhunderten werden in der kalten Jahreszeit Pflanzen in Mistbeeten kultiviert. Dazu wird Pferde-, Schafs- oder Eselsmist (sogenannter „heißer Mist“) in ein Frühbeetkasten eingefüllt. Durch die Verrottung des Mistes entsteht Wärme, die den Pflanzen von unten zugute kommt, während sie von oben die Sonneneinstrahlung durch die Scheiben des Frühbeetes wärmt.

In den 70er Jahren des vorherigen Jahrhunderts hat der französische Forstwirt Jean Pain auf der Suche nach einer sinnvollen Verwertung von Unterholzabfällen im Wald den „Biomeiler“ entwickelt. Das Prinzip: Holzhackschnitzel werden auf einem großen Haufen kompostiert, der mit der Zeit von den Mikroorganismen in sehr hochwertigen Kompost umgewandelt wird. Die bei dem Verrottungsprozess entstehende Wärme von ca. 70°C kann durch luft- oder wasserführende Rohre, die im Inneren des Meilers verlegt sind, abgeführt und zur Warmwassergewinnung oder direkten Heizung z.B. in Gewächshäusern genutzt werden. Neben Wärme entsteht auch Biogas, das ebenfalls genutzt werden kann.

In den USA wurde 1983 am New Alchemy Institut in Massachussetts der Prototyp eines freistehenden solaren Kompostiergewächshauses gebaut (Quelle 28). Zwar hatte das 65 m² Solargewächshaus keine sehr effiziente Hülle – es war ein gekauftes Tunnelgewächshaus aus Aluminiumgestänge und einer reißfesten, witterungsbeständigen Kunststofffolie – durch die biologische Heizung in Form von Kompostmieten unter den Beeten an der Nordseite konnte es aber dennoch ganzjährig genutzt werden. Das in den Kompostierkammern an der Nordseite von außen eingebrachte Material (20 m³ Pferdemist, Pflanzenabfälle aus dem Garten und der Küche) war oben mit Drahtgeflecht abgedeckt. Darüber befanden sich die Pflanzbeete. „Die aus dem Kompost nach oben entweichende Wärme und Gase (CO_2, NH_3, Wasserdampf) treten durch das Gitter direkt durch die Beeterde und die Wurzelzone der Pflanzen, werden so biologisch gefiltert und umgewandelt und als Nährstoffe aufgenommen. Die verbleibenden warmen Gase sammeln sich schließlich im obersten Teil des Gewächshauses. Dort saugen sie zwei elektrische Gebläse an und drücken sie durch Plastikröhren nach unten und weiter horizontal durch die Wurzelzone der Pflanzen in den Beeten der Südseite sowie durch die Kompostkammern.

densierender Feuchtigkeit hinter der Wärmedämmung (an der kalten transparenten Scheibe), was auf die Dauer zu Feuchtigkeitsschäden am Holzrahmen führen kann.
Einfach und preiswert sind Immendämmungen aus leichten Dämmplatten, die mit kleinen Riegeln aus Holz an den Scheiben befestigt werden. Am Tage können die Platten abgenommen und zur Seite gestellt werden. Je nach Situation kann dies umständlich sein, nachteilig ist auch, dass beim Anbringen und Entfernen der Platten möglicherweise Pflanzen beschädigt werden können.
Für geschickte Menschen bietet sich der Selbstbau flexibler oder verschiebbarer Wärmedämmdecken an, die sich durch eine Seilzugmechanik

Die geschlitzten Drainageröhren lassen die feuchtwarme Luft (die durch die Veratmung der Pflanzen sauerstoffangereichert ist) wiederum durch das Kompostmaterial und die Beeterde streichen. Durch diesen Kreislauf feuchtwarmer stick- und kohlendioxydhaltiger Luft werden die Pflanzen erwärmt, ernährt und bewässert. Das Ergebnis sind schnellwachsende, gesunde Pflanzen und die rasche Erzeugung großer Mengen von Kompost, der alle drei Wochen durch Hochrollen der Nordwand entnommen wird."
Nach einem halben Jahr Normalbetrieb des Gewächshauses konnte festgestellt werden: „Die Wärmeproduktion durch das Kompostieren war optimal. der mit Sägemehl angereicherte Pferdemist erreicht eine Höchsttemperatur von 63°C und bleibt 3 Wochen lang über 50°C heiß. Die 25 cm tiefe Beeterde über dem Kompost wurde dadurch auf ca. 20°C erwärmt, optimale Bedingungen für das Keimen von Sämlingen. Die beiden Gebläse im Giebel des Gewächshauses befördern etwa 15 m^3 angereicherter Kompostgase pro Minute durch die Beeterde und laufen pro Stunde nur jeweils 15 Minuten lang. Der CO_2-Gehalt der Luft im Kompostiergewächshaus erreicht Werte von 0,15 bis 0,2%, was vor allem das Wachstum von Tomaten und Salat steigert. Die jährliche Produktion von fertiger Komposterde in diesem Gewächshaus wird etwa 200 t erreichen und hängt im wesentlichen vom stetigen Nachschub organischen Abfalls und Dungs ab. Die Bewässerung der Gewächshauspflanzen geschieht teilweise indirekt über das Feuchtverhalten der Komposthaufen. Die von dort entweichenden großen Mengen an Wasserdampf kondensieren beim Eindringen in die kühlere Beeterde zu Wassertropfen, und die Pflanzen können so ihren Wasserbedarf unmittelbar durch die Wurzeln decken"
Aus: Drake, Hans / Das solar-beheizte Gewächshaus, S. 90 (Quelle 28).

Inzwischen ist Jean Pain's Prinzip des Biomeilers in Deutschland vor allem im Rahmen der Permakultur-Bewegung neu aufgegriffen worden. So sind in den letzten Jahren mehrere Biomeiler gebaut worden, mit denen auch Erfahrungen bezüglich der Eignung als Gewächshausheizung (im Erwerbsgartenbau) gemacht werden konnten.

Weitere Informationen sowie Workshopangebote sind im Internet u.a. unter www.native-power.de, www.drachenmuehle.de und www.biomeiler.at zu finden.

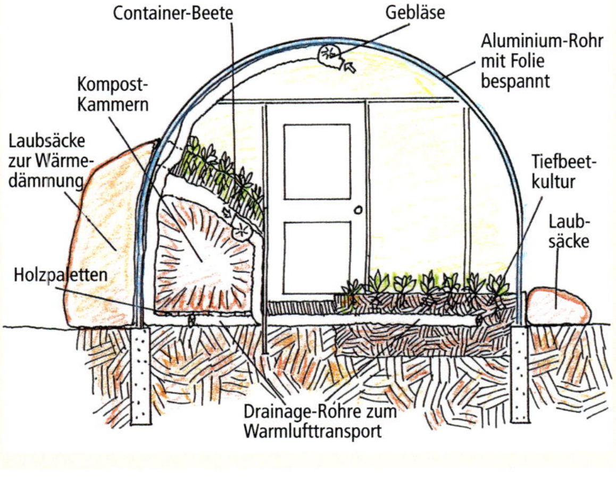

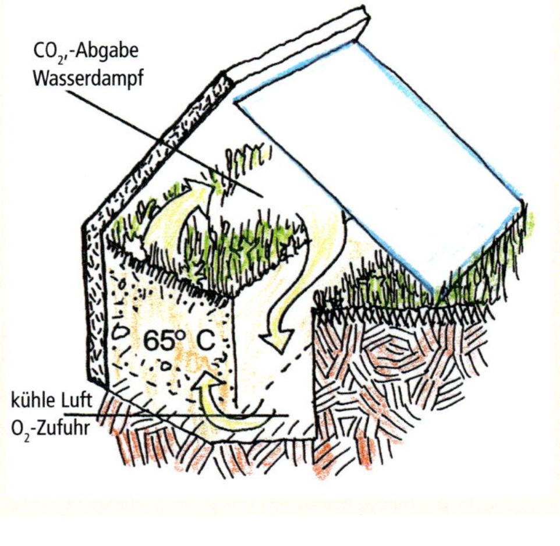

auch aus der Entfernung betätigen lassen und aufgerollt im Gewächshaus leichter Platz finden als starre Paneele. Ihre Dicke muss auf wenige Zentimeter begrenzt bleiben, um sie im aufgerollten Zustand auch unterbringen zu können. Im kommerziellen Gartenbau mit seinen viel größeren verglasten Flächen verzichtet man auf voluminöse Dämmsysteme und zieht stattdessen nur dünne, alubedampfte, reflektierende Kunststoff-Folien innen vor die transparente Abdeckung. Dadurch wird die Wärmeabstrahlung aus dem Gewächshaus erheblich gemindert und eine Energieeinsparung von 40 bis 60% erreicht. Auch im nichtkommerziellen Gewächshaus kann diese Folie (sie reflektiert die Wärmestrahlen) platzsparend mit einem Springrollo zur temporären Wärmedämmung angebracht werden.
Außendämmung: Auch für die Außendämmung können, wie schon bei der Innendämmung beschrieben, sowohl starre Dämmpaneele als auch flexible Dämmmatten eingesetzt werden (Abb. 4.54). Anders als bei der Innendämmung gibt es zwar kaum Probleme mit Kondenswasser an der transparenten Abdeckung, doch müssen auch hier Luftbewegungen zwischen Dämmung und Verglasung möglichst verhindert werden, soll die Dämmung wirksam bleiben.
Auch eine Schneeschicht auf dem Gewächshaus bildet ein wärmedämmendes Polster und kann belassen werden, wenn die Tragfähigkeit der Konstruktion und der transparenten Abdeckung dies zulässt.
Perimeter-Dämmung: Wie schon auf Seite 32 ff. aufgeführt, ist es sinnvoll, das Fundament von Solargewächshäusern bis zur Frostgrenze durch vertikal eingelegte Dämmplatten vor Wärmeverlusten zu schützen. Als Dämmstoffe kommen hier nur feuchtigkeitsresistente Materialien in Frage, wie z.B. PU-Schaumplatten, extrudierte PS-Schaumplatten oder Platten aus Schaumglas.

Frostvermeidung im Gewächshaus

Im ausschließlich durch Sonnenenergie klimatisierten Solargewächshaus lässt sich erreichen, dass die minimalen Innentemperaturen bei Einfachverglasung um ca. 3 – 5°C über der minimalen Außentemperatur liegen. Beim Gewächshaus mit doppelter transparenter Abdeckung steigt dieser Wert auf ca. 6 - 10°C. Noch bessere Werte lassen sich mit wirksamen Dämmläden vor den transparenten Flächen erreichen.
Das heisst jedoch, dass im Winter bei strengem Frost auch im Gewächshaus Minustemperaturen auftreten können, vor allem, wenn z.B. durch Nebellagen keine Strahlungsgewinne am Tag zu erzielen sind. Zur einfachen Kontrolle der Temperaturen empfiehlt es sich, im Gewächshaus und draußen Maximum-Minimum-Thermometer aufzuhängen, die neben den aktuellen Temperaturen auch die tiefste Temperatur der letzten Nacht und die Höchsttemperatur des vergangenen Tages anzeigen. Durch regelmäßiges Beobachten dieser Werte wird man bald ein gutes Gefühl für die Klimaverhältnisse im Gewächshaus bekommen.
Die Erbauer und Nutzer von solaren Erdgewächshäusern berichten über-

einstimmend, dass bei starken Minustemperaturen in der Nacht wenige Kerzen (z.B. Grablichter) im Gewächshaus ausreichten, um es frostfrei zu halten. Zusätzlich zur temporären Dämmung des Gewächshauses können empfindlichere Pflanzen auch einzeln mit Noppenfolie, Vlies oder Ähnlichem abgedeckt werden. Daneben kann ein Frostwächter (elektrische, thermostatgesteuerte Heizung) helfen, kalte Nächte zu überbrücken. Er springt nur an, wenn die Temperatur im Gewächshaus unter eine bestimmte Grenze sinkt.

Quellen & Literatur (Kap. 1 - 4)

1 Mazria, Edward: The Passive Solar Energy Book. Emmaus / Pa., USA 1978, Rodale Verlag

2 Yanda, Bill / Fisher, Rick: Energie und Nahrung aus dem Solar-Gewächshaus. München 1983

3 McCullagh, James C.: The Solar Greenhouse Book. Emmaus / PA., USA 1978, Rodale Verlag

4 Tim, Ulrich: Wohnräume unter Glas – Der Wintergarten. München 1987, Callwey Verlag

5 Fricke, D. (Hrsg.): Grüne Archen – In Harmonie mit Pflanzen leben. Frankfurt 1980

6 Schrader/Dietrich: Gewächshäuser und Heizungsanlagen im Gartenbau. Stuttgart 2011, Ulmer Verlag

7 SOLAR AGE, Nov. 1977, Solar Vision Inc., Harrisville, N.H., USA

8 Drake-Cussler/Drake/Wrisch: Von der Sonne leben. Frankfurt 1983, Fischer alternativ

9 Schockert, Karl: Gewächshäuser mit Doppelbedachung. Darmstadt 1979, KTBL-Verlag

10 Kanthak, Paul: Klima und Klimatisierung von Gewächshäusern. Berlin 1973

11 Neufert, Ernst: Bauentwurfslehre. Frankfurt, Berlin, 1964, Ullstein Verlag

12 Schumann, Eva / Milicka, Gerhard: Das Kleingewächshaus. Stuttgart 2010, Ulmer Verlag

13 Fachkunde Bau. Wuppertal 1986, Europa-Lehrmittel

14 Kohl/Bastian/Neizel: Hochbau, Baufachkunde 2, Stuttgart 1982, B.G. Teubner

15 Lochner, Dieter: Kellerausbau. Köln-Braunsfeld 1982

16 Säkularstation Potsdam. Institut für Klimaforschung

17 Wendehorst/Muth: bautechnische Zahlentafeln. Stuttgart 1981

18 Sabady, Pierre: Solar-Architektur-Praxis. Zürich 1981

19 Bau- und Möbelschreiner: Sonderveröffentlichung Holztechnik. Leinfelden, Echterdingen 1992, Konradin

20 Hillman, G. Nagel, J., Schreck, H.: Klimagerechte und energiesparende Architektur. Karlsruhe 1981, C.F. Müller

21 Kiraly, Josef: Architektur mit der Sonne. Karlsruhe 1981

22 Erfolgreich Heimwerken im Garten, Naturbuch Verlag, Augsburg 1998, S. 126

23 kraut & rüben, März 2006, S. 52/53

24 kraut & rüben, Jan. 2009, S. 40

25 Total Environment Action: „The Thermal Mass Pattern Book" in „Solar Age", Harrisville, NY, USA, April 1981

26 Krieger, Karla: Gewächshäuser und Frühbeete. Stuttgart 2009, Kosmos Verlag

27 Hartwig, J.: Gewächshäuser und Mistbeete. Berlin 1876

28 Drake, Hans: Das solar-beheizte Gewächshaus. Stuttgart 1985, Pietsch Verlag

29 Clegg, Peter / Watkins, Derry: The Complete Greenhouse Book. Charlotte, Vermont/USA 1978, Garden Way Publishing

30 DeKorne, James: The Hydroponic Hot House. Port Townsend 1992

31 Marshall, Roger: How to Build Your Own Greenhouse, North Adams, USA 2006, Storey

32 Haupt, E./Wiktorin, A.: Wintergärten - Ein Praxis-Handbuch. Staufen 1996, ökobuch Verlag

33 Lorenz-Ladener, Claudia: Solargewächshäuser. Grebenstein 1981, ökobuch Verlag

34 Lorenz-Ladener, C./Ladener H.: Baupläne für ein Solargewächshaus. Grebenstein 1982, ökobuch Verlag

35 Oehler, Mike: The Earth-Sheltered Solar Greenhouse Book. Bonners Ferry, USA 2007

36 Szokolay, S.V: Solar Energy and Building. London 1975, The Architectural Press

37 Schulze, L.: Lichteinstrahlung in glasgedeckte Gewächshäuser. Diss. TH Hannover 1955

38 Mackroth, K.: Gewächshausklima und Kühlmöglichkeiten. KTBL-Publ. 167, Münster 1973, Landwirtschaftsverlag

5 Beispiele gebauter Solargewächshäuser

Im Folgenden werden einige selbstgebaute Solargewächshäuser vorgestellt. Die sind auf den ersten Blick sehr verschieden in Form, Größe und baulichem Aufwand. Das perfekte Solargewächshaus gibt es (noch?) nicht.

Alle Selbstbauer sind aber stolz auf ihre Gewächshäuser. Auch wenn der Eine oder Andere beim nächsten Mal vielleicht Dieses oder Jenes anders ausführen würde – zufrieden sind sie alle mit ihren kleinen grünen Archen im Garten...

Demontables Anlehn-Gewächshauses aus Holz

Das nachfolgend vorgestellte Gewächshaus wurde 1981 von der Autorin und Freunden gebaut. Die Bildergeschichte vom Bau kann auch heute noch gute Anregungen geben. Bedingt durch die Situation als Mieter, musste damals darauf geachtet werden, dass der Bau so wenig wie möglich in die örtlichen Gegebenheiten eingriff (keine Beschädigung der Wand, kein tiefgründendes Fundament etc.). Zwar war deshalb in strengen Wintern mit Bewegungen des Baukörpers durch Auffrieren zu rechnen, was jedoch bei dem relativ kleinen, geschützt liegenden Anbau nach Erfahrungen mit einigen recht harten Wintern nicht zu Schäden geführt hat.

Anfangs war das Gewächshaus (reine Südausrichtung) einfach verglast. Temperaturmessungen im Frühjahr und Sommer ergaben, dass die Gewächshaustemperatur bei geschlossenen Lüftungsöffnungen in der Nacht stets um 3-5°C über der Außentemperatur lag. Die Größe der Lüftungsöffnungen war ausreichend bemessen. An heißen Tagen lag auch die Innenlufttemperatur nur etwa 3 bis 5°C höher als die Außentemperatur. Als zweite Abdeckung wurde nach einiger Zeit innen eine Kunststoff-Folie (Hostaphan) gespannt. Durch diese zweite Abdeckung konnte die Temperaturdifferenz zwischen innen und außen auf 8°C im Winter erhöht werden. Das Gewächshaus tat einige Jahre gute Dienste, dann wechselte die Autorin ihren Wohnort. Als sie 15 Jahre später wieder ihren früheren

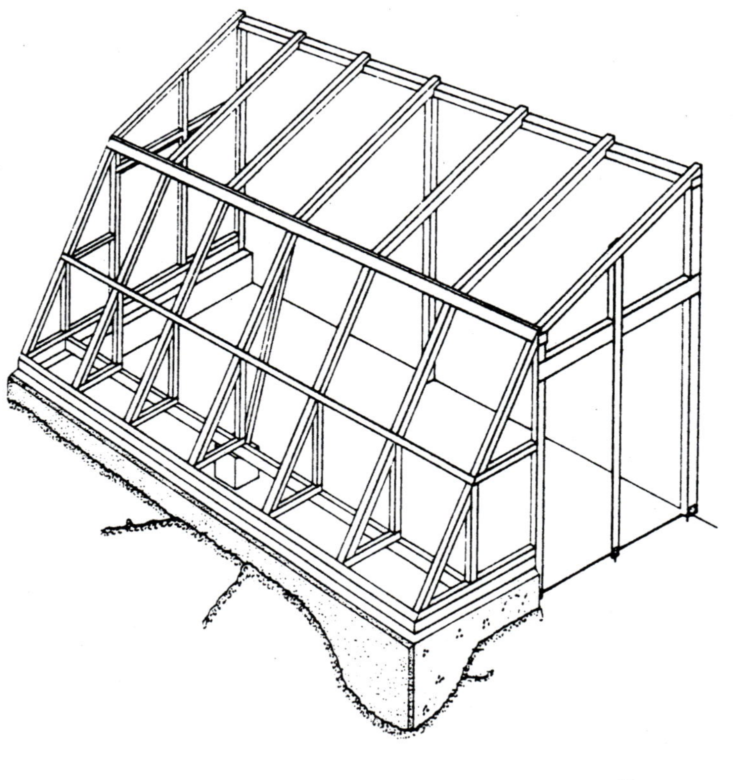

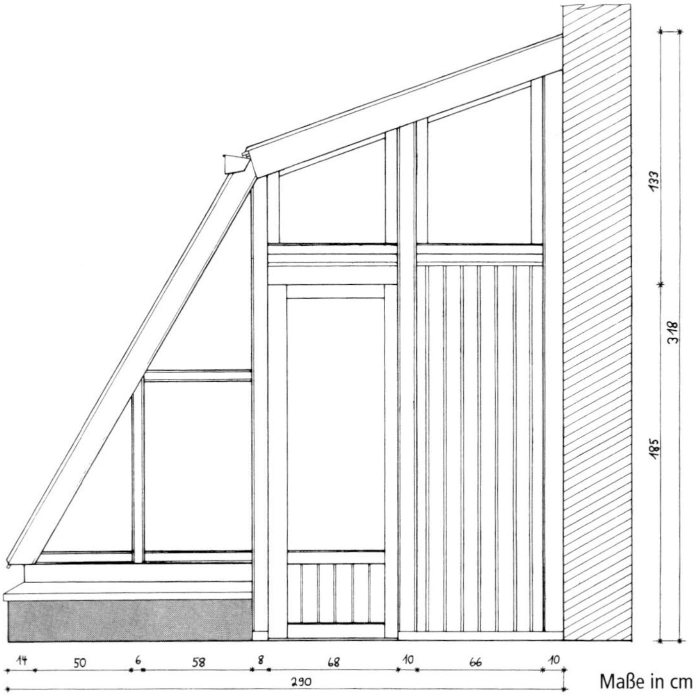

3 Ostansicht

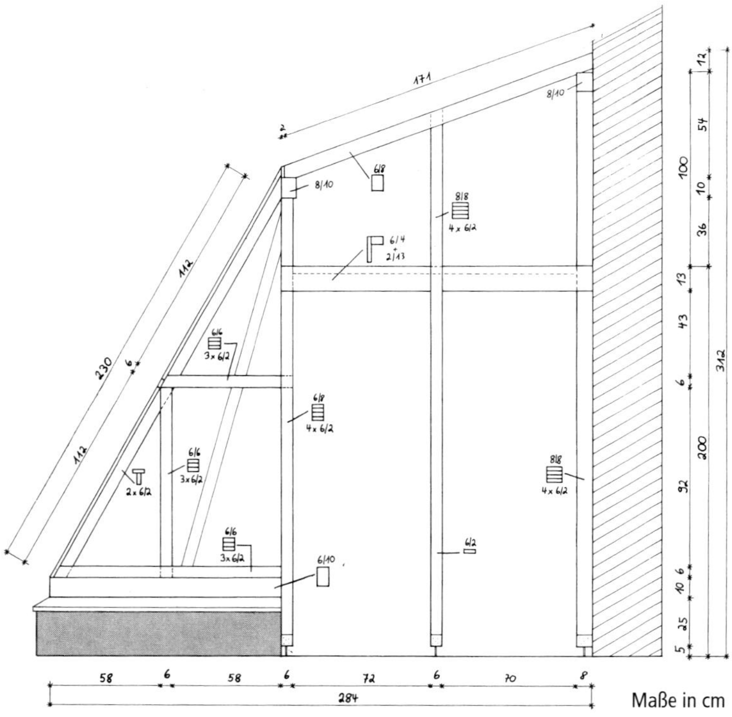

4 Ostansicht: Tragkonstruktion ohne Verglasung und Fassade

Wohnort besuchte, war das Anlehngewächshaus abgebaut.
Die steile, verglaste Südfassade (60°Neigungswinkel) hat den Vorteil, dass in den Übergangszeiten die Strahlungsdurchlässigkeit für die tiefstehende Sonne sehr gut war, nachteilig erwies sich die starke Beanspruchung der geneigten Fassade durch Sonne, Wind und Regen (wichtig: Nur wirklich witterungsbeständiges Material für die Glasabdeckleisten, Dachabdeckung etc. für die Außenhaut verwenden). Außerdem blieben bei starkem Schneefall Eis und Schnee liegen, was den dahinterliegenden Raum verdunkelte. Hier half nur Abfegen des Schnees von der Verglasung. Generell ist es günstiger, Anlehngewächshäuser vor Wohnräumen, die hauptsächlich durch das Gewächshaus belichtet werden, mit senkrechter Südfassade auszustatten. Diese Lösung bietet zudem die Möglichkeit, dort auch größere Türen – vorzugsweise Schiebetüren – vorzusehen, durch die das Gewächshaus im Sommer nach außen, zum Garten hin weit geöffnet werden kann.

Daten des Gewächshauses
Grundfläche: 4,6 x 2,85 m = 13,1 m²
Höhe: 2,99 m
Konstruktion: Holz-Sparren-Dach
Verglaste Fläche gesamt: 20,4 m²
Wasser-Wärmespeicher:
400 l (Blechtonnen) + 500 l (5-l-Kunststoffbehälter) + 250 l (Aquarium) = 1150 l
Wärmespeicher massiv:
Natursteinboden und ca. 5 m² Mauerwerk (24 cm).
Bauzeit: 14 Tage, 2-3 Personen
Baukosten: ca. 1800 DM (1981)

Baubeschreibung

Der erste Arbeitschritt bestand darin, den Baugrund zu begradigen: Ein Teil der vorgesehenen Gewächshausfläche war mit Natursteinplatten belegt, ein Teil bestand aus Mutterboden. Der Mutterboden wurde bis unter das Niveau der Natursteinplatten abgetragen und dann im Bereich der späteren Stützen zur besseren Lastverteilung mit Waschbetonplatten belegt (Abb. 6 bis 8).
Nivellieren der 4 Schwellhölzer: Nachdem die Schwellhölzer mit Lot und Schlauchwaage ausgerichtet und durch Unterlegen von Holzklötzchen auf eine Ebene gebracht waren, wurden sie durch Aufnageln von Latten gegen Verschieben gesichert. Zum Ausgleich der Höhenunterschiede – das Gelände hatte nach 2 Seiten Gefälle – wurden die Schwellhölzer dann an mehreren Stellen mit Zementmörtel unterfüttert. Die Zangen (6 x 6 cm) schraubten wir aus 3 Brettern (je 2 x 6 cm) zusammen und befestigten sie mit Sparren-Pfetten-Ankern an den Schwellhölzern (Abb. 11 und 12). Dann setzten wir die vormontierten Stützen für die Dachpfette (zusammengesetzt und verschraubt aus Brettern 2 x 8 cm, 2 x 6 cm, 2 x 6 cm, 2 x 8 cm) in die Aussparungen der Zangen und ver-

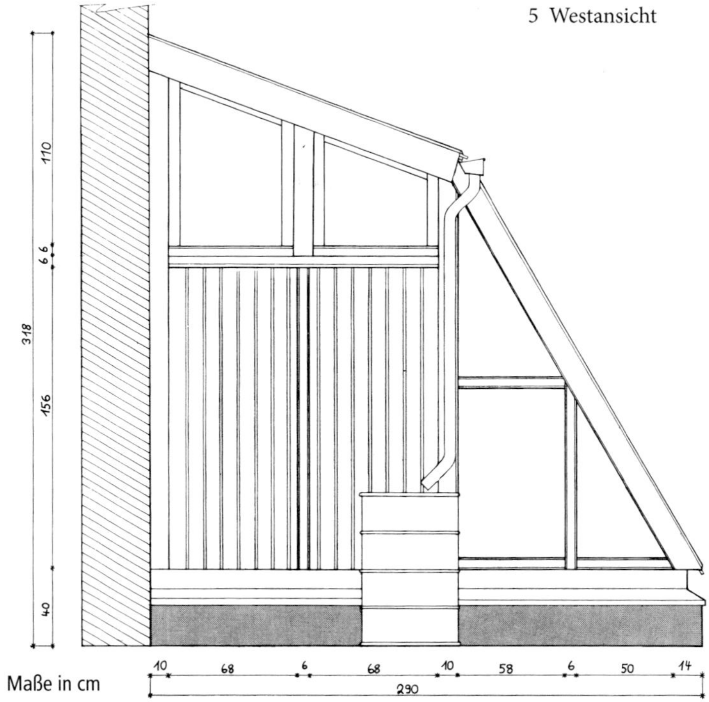

5 Westansicht

6

7

8

9

10

1

12

13

14

15

16

17

18

19

20

21

22

23

24

25

26

27

28

29
Detail Einfachverglasung
(Schnitt)

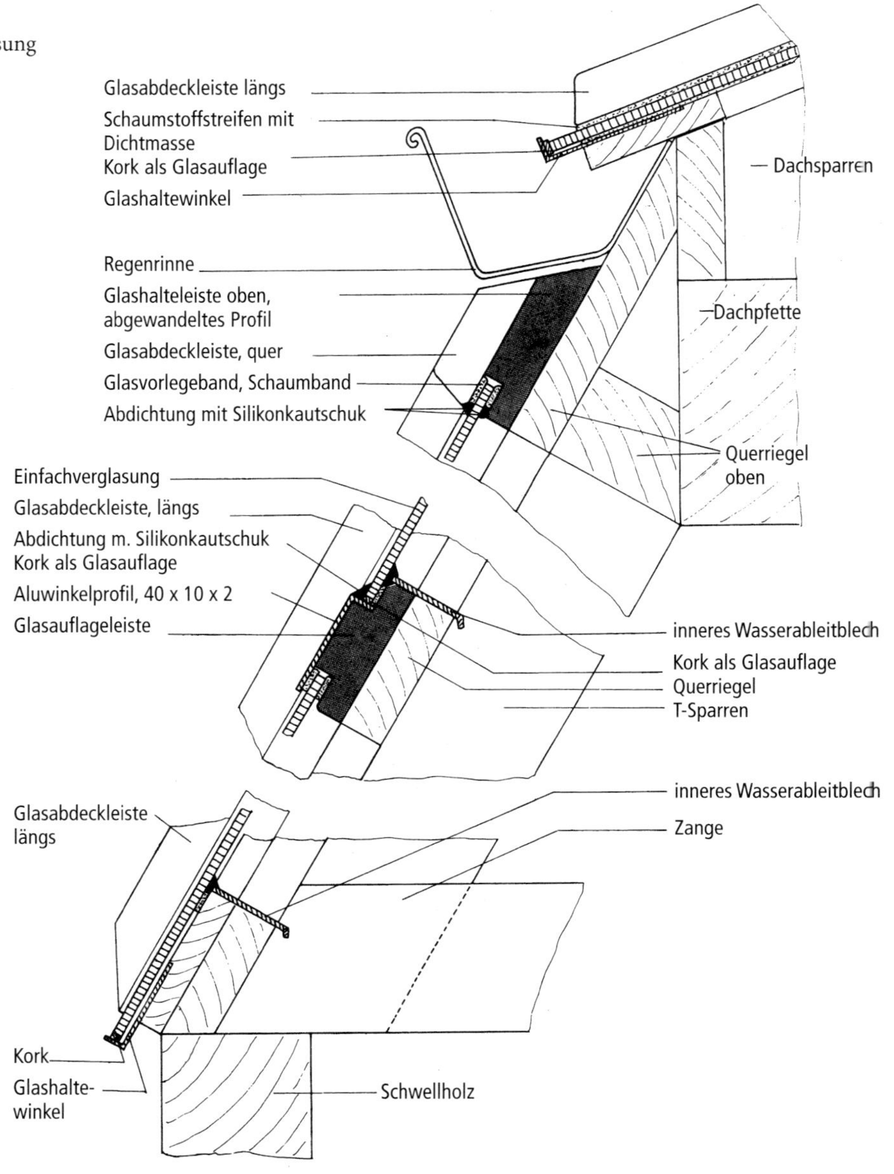

30

31

schraubten sie mittels Bolzen (Abb. 13 und 14).
Nachdem die Haupttragkonstruktion sowie die Firstpfette und Dachpfette montiert waren, konnten nun die Sparren der 60°-Wand zwischen Dachpfette und Schwellholz befestigt werden. Die Sparren waren aus 2 Brettern (je 2 x 6 cm) zum T-Profil zusammengeschraubt, sie dienten später als Auflagefläche für die Verglasung.
Die Sparren (Länge 2,5 m) wurden zur Stabilisierung mittig durch Zangen (zusammengesetzt aus 2 Brettern 2 x 6cm und aus Füllhölzern) abgestützt (Abb. 16). Dadurch konnten die Holzquerschnitte der Sparren sehr gering gehalten werden.
Auch die Zangen wurden mit Sparren-Pfetten-Ankern an den Schwellhölzern befestigt (Abb. 17). Danach setzten wir die Mittelstütze (8 x 8 cm) für die Dachpfette (6 x 8 cm) ein, da sie bei 4,6 m Spannweite nicht die möglichen Belastungen durch Wind und Schnee hätte aufnehmen können (Abb. 18).
Die Dachsparren (6 x 8 cm) kerbten wir an den Enden ein und befestigten sie an First- und Dachpfette.
Der Dachanschluss an das Gebäude wurde verbrettert und mit Bitumenpappe belegt. Die Nagelstellen hatten wir zusätzlich mit flüssigem Bitumen eingestrichen, damit kein Wasser in die Konstruktion eindringen konnte.
Nun hatten wir erst einmal eine Pause nötig. Hund Frida zeigte wenig Interesse an unserem Bauvorhaben, sondern machte es sich lieber auf dem Bauplan gemütlich (Abb. 22).
Alle Holzteile, die später der Witterung ausgesetzt sind, hatten wir vor dem Einbau mehrmals mit einer diffusionsfähigen Dickschichtlasur behandelt. Die übrigen Holzteile waren mit einer Boraxlösung (10% Borax) gegen Schädlingsbefall imprägniert.
Zur Queraussteifung der Tragkonstruktion wurden zwischen Dachpfette und Stützen 2 Stahlwinkel (25 x 25 cm Schenkellänge) mantiert (Abb. 23). Diese ließen wir beim Dorfschmied aus U-Profil anfertigen. Nach der Montage fiel uns auf, dass es eleganter gewesen wäre, einzelne verglaste Flächen mit Zugbändern auszukreuzen.
Im Bereich der Schwellhölzer wurde das Gewächshaus mit Bitumenpappe zum Boden hin abgedichtet.
Einen Teil der Ost- und West-Wand haben wir mit Nut- und Federbrettern ausgefacht. Vorsicht, schlechte Konstruktion! Die Nut- und Federbretter gehören vor den Stützen befestigt und am besten als senkrechte Verbretterung, denn Schlagregen konnte auf diese Weise in die Kon-

32

33

34

35

struktion eindringen (Abb. 26). Auf die Sparren klebten wir als Glasauflage (Abb. 27) wasserfeste Dichtstreifen (selbstklebende Polyäthylenschaumstreifen).

Nun konnten wir die Glasscheiben (Gartenblankglas, 73 x 143 cm) nacheinander einsetzen (Abb. 30 und 31). Aufgenagelte Holzleisten sicherten dabei das Glas gegen Verschieben.

Als Glasabdeckleisten dienten zunächst einigermaßen astfreie Nut- und Federbretter, die auf 6 cm Breite geschnitten und mit Tropf- bzw. Ablaufkanten versehen wurden. Wir ersetzten sie später durch Leisten aus Lärchenholz. Die Fugen zwischen Glas und Abdeckleisten wurden sorgfältig mit dauerelastischem Kitt (Silikonkautschuk) abgedichtet.

Zur Wärmedämmung der nichtverglasten Ost- und Westwand schnitten wir Styroporplatten mit einem Styroporschneider auf Maß und klebten sie auf die Wände (Abb. 32).

Die 4 Fenster wurden aus Brettern (2 x 4 cm und 2 x 6 cm) zusammengebaut. Um dichtschließende Fensterfalze zu erhalten, musste jedes Fenster nach Maß angefertigt werden. Die Fenster ließen sich durch Kippen öffnen und waren einfach durch Seilzüge von außen zu bedienen (Abb. 34).

Auch die Schiebetür war eine Maßanfertigung, die einige Arbeitszeit in Anspruch nahm (Abb. 35).

Vor die gedämmte Westwand bauten wir als Wärmespeicher mit Wasser gefüllte 5 l Kunststoffbehälter und 2 Tonnen mit je 200 l Wasserinhalt auf (Abb. 33).

Kurze Zeit später: Erste Pflanzen gedeihen im Gewächshaus und selbst Frida zeigte sich jetzt interessiert ...

36

37

Walipini (Erdgewächshaus) zur Pflanzenüberwinterung

Sabine Huber

Ich betreibe eine kleine Naturgärtnerei und irgendwann war meine Sammlerleidenschaft von nicht ganz winterharten Pflanzen so groß, dass wir beschlossen: Ein Glashaus muss her! Zwar hatte ich schon ein kleines, ganz normales, „Hausgewächshaus" auf unserem Gelände, musste aber feststellen, dass die Temperaturen dort drinnen im Sommer extrem hoch und im Winter doch recht tief waren. So entstand unsere Überlegung, ein Glashaus in die Erde zu bauen, um die natürliche Erdwärme zu nutzen. Ein Freund riet uns in dieser Planungsphase doch einmal im Internet unter dem Stichwort „Walipini" nachzusehen. Dort sind einige Gewächshausideen in englischer Sprache aus dem südamerikanischem Raum zu finden, bei denen es vor allem in der heißen Jahreszeit um die Kühlung durch den Wärmespeicher Erde geht.

Sofort war für uns klar, so etwas wollten wir auch haben!

Bald darauf ging es los: Mein Mann lieh sich einen Minibagger aus, mit dem er die Erde für den Mittelgang des Walipinis etwa 1 m tief aushob. Natürlich hätte er die Erde auch händisch ausgraben können, aber hier ging es vor allem um den Spaßfaktor für ihn. Und nachdem ich schon Vorfreude auf die vielen neuen Pflanzen hatte, die in unserem Gewächshaus Platz finden würden, sollte er zumindest seinen Spaß beim Ausbaggern des Gehbereiches haben. Da an dieser Stelle unser Grundstück einen ziemlich festen Lehmboden hat, konnten wir die Erde ganz leicht gerade abstechen. Den Aushub lagerten wir vorübergehend seitlich, da geplant war, zum Schluss die Wände von außen damit anzuschütten.

Eine Baugenehmigung war für unser Gewächshaus nicht erforderlich, da wir auf Fundamente verzichteten und keine fest verankerte Betonmauer als Rückwand geplant war. Wir schichteten einfach Betonschalsteine ohne Mörtel so aufeinander, dass wir für den unteren Teil der Mauer Steine mit 25 cm Breite nahmen, darauf dann welche mit 20 cm setzten und für den oberen Bereich der Wand Schalsteine mit einer Brei-

1
Bepflanzte Betonschalsteine als Rückwand

2
Der Eingang liegt an der wind- und wettergeschützten Ostseite.

3 Der überdachte Eingangsbereich

4 Seitliche Einfassung mit Erdwall

5 Nur die transparente Südseite ist sichtbar

te von 15 cm benutzten. Die Betonsteine füllten wir während des Aufschichtens mit Bachsand, um eine gute Speichermasse zu erhalten und die Wand zu stabilisieren. So entstand im Gewächshaus eine leicht versetzte Mauer und von außen hielt die Erdböschung entgegen. In dieser Art errichteten wir auch die Seitenwände des Walipinis. Auf der Südseite genügte eine Schalsteinhöhe von 25 cm als Sockelauflager für die Dachkonstruktion.

Der Eingang unseres Gewächshauses befindet sich auf der wind- und wettergeschützten Ostseite und ist über vier Stufen zugänglich. Besser wäre natürlich eine Rampe für den Pflanzentransport gewesen, das war bei uns aus Platzgründen aber leider nicht möglich. Die Nord- und Westseite konnten mit dem Aushub angeschüttet werden, was eine gute Wärmedämmung für den Winter bringt. An der Südseite fließt ein künstlich angelegtes Bächlein vorbei, welches in den nahen Teich mündet. Im Winter wird dadurch das Sonnenlicht besser in das Innere des Glashauses reflektiert.

Die Dachkonstruktion aus 5 cm breiten und 8 cm hohen Holzsparren liegt auf dem Betonsteinsockel auf und wurde dort mit Metallplatten verankert und verschraubt. Wir würden heute allerdings stärkere Kanthölzer nehmen oder überhaupt eine Metallkonstruktion wählen. Der Gehbereich im Gewächshaus wurde anfänglich seitlich nur durch die senkrecht abgegrabene Lehmwand begrenzt, nachträglich fassten wir ihn aber mit schmalen Betonsteinen ein, um das allmähliche Abrutschen der Erde zu verhindern. Auf diesen Betonsteinen befestigten wir noch einige Holzstützen, die das Dach zusätzlich abstützen. Das Dach selbst besteht aus Doppelstegplatten. Durch das geringe Gewicht dieser transparenten, gut dämmenden Kunststoffplatten war eine Leichtbaukonstruktion möglich. Als auf der Westseite die äußere Doppelstegplatte im Januar 2007 vom Sturm Kyrill erfasst und zerstört wurde, zogen wir die Lehre daraus, diesen Bereich mit Holz zu verschalen und mit Fetthennen und Hauswurz zu begrünen. Manchmal wird man so von der Natur auf neue, gute Ideen gebracht! Wir würden jetzt auch im mittleren Bereich der transparenten Abdeckung einige Felder mit Dachbegrünung versehen, um dadurch im Sommer eine bessere Schattierung zu

erreichen. Von den Seiten wäre der Lichteinfall in das Walipini dann immer noch ausreichend, aber es würde innen nicht so heiß werden. Der schattigere Bereich könnte zudem noch besser für Stecklingsvermehrung und Jungpflanzenanzucht genützt werden. Wir schattieren den transparenten Teil des Daches im Sommer lediglich mit zwei Schilfmatten (Abb. 5).
Unser Walipini benutzen wir in erster Linie zum Überwintern von Pflanzen. Auf die Beete, die genau die Höhe des äußeren Erdniveaus haben, stelle ich alle kleineren Topfpflanzen wie Duftpelargonien, Schönmalven, Heilkräuter, Sukkulenten etc. - alles in allem Pflanzen, die kurzfristig auch ein paar Minusgrade vertragen. Unter dem Doppelstegplatten-Dach haben wir ein paar Bretter für besonders lichthungrige, wintergrüne Pflanzen befestigt, wie z.B. Rosmarin, Lorbeer, Aucube und Agapanthus, die auch die Kälte vertragen, die durch die transparente Abdeckung dringt, wenn es mal stärkere Kahlfröste gibt. Der Gehbereich wird schließlich mit den großen Kübelpflanzen vollgestellt, so dass für mich nur noch ein schmaler Gang zum Gießen und Pflegen bleibt.
Unser Erdgewächshaus besteht jetzt seit acht Jahren und in diesem Zeitraum gab es nur einen einzigen Winter, in dem so lange Frostwetter war (etwa drei Wochen, bis zu - 17°C Außentemperatur), dass es von der Eingangstüre beginnend im Gewächshaus zu frieren anfing. Bei Frostgefahr verhängen wir deshalb die Tür zusätzlich mit Noppenfolie und bedecken die Pflanzen mit Vlies, die dort in der Nähe stehen. Möglich wäre natürlich auch, in solchen Nächten einige Kerzen oder Laternen im Gewächshaus aufzustellen, oder sich überhaupt einen Frostwächter anzuschaffen. Außer in diesem einen Jahr (Winter 2004/2005) gab es bisher im Gewächshaus keine Probleme durch Frost. Im Frühling, sobald ich die überwinternden Pflanzen wieder ausräumen kann - das ist bei uns etwa zwischen Mitte März und Anfang April - nutze ich den freigewordenen Platz, um Tomaten und Paprika für den Verkauf zu topfen und vorzuziehen. Die bleiben dann bis etwa Anfang Mai im Erdgewächshaus, danach folgen diverse Fruchtgemüse, mit denen ich dort bis zum Spätherbst sehr gute Ernten einfahre, bis wieder das große Überwinterungs-Einräumen beginnt.
Auf der hinteren Beetfläche, die etwas schattiger gehalten wird, stecke ich in relativ sandiger Erde ganzjährig Stecklinge von Kräutern und Blütenpflanzen. Mein Mann hat mir in weiser Voraussicht, damit er mich auch öfter mal im Hause antrifft, eine Sprühnebelbewässerung an der Decke montiert, die mit einem Bewässerungscomputer toll zu steuern ist. In den Wintermonaten genügt es, die Pflanzen im Gewächshaus etwa alle drei bis vier Wochen mal zu gießen. Wenn im Winter viel Schnee liegt,

6 Die Nordseite des Gewächshauses ist vollständig mit Erdaushub angeschüttet.

7 Eine Dachbegrünung ersetzt die durch den Sturm Kyrill zerstörte Doppelstegplatte.

8 Innenansicht des Erdgewächshauses

9
Ganzjährig gedeihen Kräuter im Erdgewächshaus

10
Gutes Gemüsewachstum im Sommer

wirkt der natürlich gut als Wärmedämmschicht für das Dach. Dann ziehe ich nur mit dem Rechen ein paar Bahnen schneefrei, damit die Pflanzen etwas mehr Licht bekommen. An frostfreien Tagen öffne ich die Tür zum Lüften. In einem Erdgewächshaus herrscht im Winter eine etwas höhere Luftfeuchte als im normalem Gewächshaus, was zwar den Vorteil hat, dass nicht so oft gegossen werden muss, nachteilig ist aber, dass die Gefahr von Pilzkrankheiten größer ist.
Was das Lüften betrifft, so haben wir erst nachträglich auf der gegenüberliegenden Seite der Tür eine Lüftungsklappe am Dach eingebaut, die wir wirklich für notwendig halten, um einen guten Luftaustausch zu erreichen. Dadurch kann die Hitze gut aus dem Glashaus abgeführt werden. Und die Blätter der Pflanzen trocknen so auch ausreichend ab. Aus der Lüftungsklappe wuchert jeden Sommer eine im Gewächshaus gepflanzte Passiflora, die mit ihren wunderschönen Blütenranken bis zum ersten Frost zusätzlich das Dach bedeckt. Auf diese Weise fällt auch das Walipini überhaupt nicht störend auf, sondern fügt sich sehr harmonisch in die Gartenlandschaft ein. Die transparente Dachfläche ist nur von der Südseite sichtbar, alle anderen Flächen sind so in die Vegetation eingebunden, dass sie gar kein Glashaus vermuten lassen (Abb.11). Die Menschen, die in meinen Garten kommen, sind immer ganz erstaunt, wenn wir nach hinten zum Teich gehen und sie auf einmal dieTreppe entdecken, die in das Erdgewächshaus führt. Es gab schon einige Schaugartenbesucher, die von dem Erdgewächshaus so begeistert waren, dass sie mittlerweile in Eigenregie selbst ihr eigenes Walipini gebaut haben. Ich kann hier nur sagen, jedes Walipini funktioniert etwas anders im Laufe eines Gartenjahres!
Wir freuen uns natürlich immer sehr, wenn wir Tipps mit auf den Weg geben, und Leute für eine etwas naturnahere Gartengestaltung begeistern können. Nicht unerwähnt sollte auch bleiben, dass ein solches Gewächshaus auch ein wichtiger Baustein zu einer größeren wirtschaftlichen Unabhängigkeit sein kann ...
Unser Glashaus ist gut 30 m² groß, hat eine Länge von 7,20 m und eine Breite von etwa 4,50 m. Auf der Nordseite beträgt die Höhe etwa 2,5 m, auf der Südseite ca. 1,5 m. Die Beetflächen haben eine Tiefe von 1,1 m, dadurch können sie gut vom Gang aus bewirtschaftet werden. Der Mittelgang ist ca. 2,3 m breit und kann dadurch auch im Sommer einige größere Töpfe beherbergen. Gekostet hat uns das Walipini etwa 2000 Euro für Holz, Schalsteine und die Doppelstegplatten.
Jeden Winter finden hier etwa 600 bis 800 Pflanzen in kleinen Töpfen Platz. Im Gang überwintern zusätzlich 30 - 40 größere Kübelpflanzen und die Nordseite ist zu jeder Jahreszeit mit Stecklingen gefüllt. Aus

der sich verjüngenden Schalsteinwand wuchern noch zusätzlich trockenheitsliebende Pflanzen wie Currykraut, Baumaloe, Syrischer Majoran und viele Sukkulenten, die Wand im Gang, die Begrenzung der Beete, verschwindet schön langsam unterm Bubikopf.
Wenn man bedenkt, welche Pflanzenfülle hier ohne zusätzlichen Energieaufwand überwintern kann, spricht einfach alles für ein Walipini! Ein Erdgewächshaus ist wirklich sehr zu empfehlen! Noch ein kleiner Tipp an die Frauen, die gerne ein solches Glashaus haben möchten: Schenken Sie ihrem Mann doch bei nächster Gelegenheit einen Gutschein für ein paar Stunden auf einem Kleinbagger. Jeder Mann, der seinen kindlichen Spieltrieb erhalten hat, wird sowas mögen! Markieren Sie im Garten die Stelle, an der er ein Loch baggern darf. Stellen sie sich dann neben das augehobene Loch und sagen Sie ganz unschuldig: „Hey, hier könnten wir doch ein Erdgewächshaus bauen!“ So könnte jeder das kriegen, was er gerne hätte.
Ich habe das große Glück, einen Mann zu haben, der mich bei meinen Ideen und Spleens unterstützt. So bauen wir gerade zusammen an einem Strohhaus mit Dachbegrünung, Lehmputz und Tadelakt an den Wänden sowie an einem Erdkeller mit Ziegelgewölbe zum Lagern unserer Gartenfrüchte. Und dieser Traum erfüllt sich in unserem etwa 4500 m² großen Selbstversorgergarten, den wir nach Permakulturprinzipien angelegt haben, und in dem (fast) alles wächst, was man zum Gesund- und Glücklichsein braucht. Ein Plätzchen wird noch freigehalten, dort soll einmal ein etwas größeres Walipini entstehen, in dem meine Zitrussammlung und viele, viele neue Pflanzen ein Zuhause finden werden.

Ich habe mir den Traum einer kleinen Naturgärtnerei erfüllt, die den Namen „S’Paradieserl“ trägt. Wir haben auf gut 3000 m² einen Schaugarten angelegt, in dem viele selbstgezogene Bäume, Sträucher, Kräuter, Stauden, Rosen und Gemüsepflanzen für den Verkauf angeboten werden. Der Garten wird biologisch und so natürlich wie möglich bewirtschaftet. Mein Garten darf jederzeit besucht werden, von März bis Oktober bin ich dort meist anzutreffen.

Wird Beratung von mir gewünscht, ist es am besten, mich vorher telefonisch zu kontaktieren:
S’Paradieserl –
Sabine Huber,
Saxendorf 17,
A-4351 Saxen,
Tel.: 0043 7269 6442

11
Würde jemand in diesem Garten ein gut funktionierendes Gewächshaus vermuten?

Erdgewächshaus im Reihenhausgarten

Wolfram Franke

Eine sorgfältige Planung war nötig, um auf einer kleinen Gartenfläche mit ungünstiger Besonnung ein Gewächshaus zu realisieren, das sich zudem harmonisch in den kleinen Reihenhausgarten einfügen sollte. So entstand eine ungewöhnliche Gewächshauskonstruktion.

Die Lage

Mein etwa 200 m^2 großes Grundstück erstreckt sich von Ost nach West, wobei mein Reihenmittelhaus an der Ostseite liegt. Der sich nach dessen Westseite anschließende Garten ist ca. 115 m^2 groß. An der südlichen Längsseite weicht die Gartengrenze um einige Meter nach außen ab, so dass der Grundriss einem halbierten Trapez ähnelt. Links von dieser Grenze wachsen teilweise sehr hohe, Schatten werfende Laubgehölze des Nachbarn. Hinter der westlichen Grundstücksgrenze befindet sich ein Wohnblock, der ebenfalls Schatten wirft. Die Gehölze des nördlich gelegenen Nachbarn beeinträchtigen den Sonneneinfall nicht.

Lauf des Schattens

Im Sommer verschattet mein Haus morgens von Osten ein Drittel der Gartenfläche, im Winter fast die Hälfte. Von Süden her werfen im Sommer hohe Laubgehölze ihren Schatten fast bis zur Hälfte auf die Gartenfläche, von Mitte November bis Ende April sind die Bäume kahl, so dass der Garten in den Mittagsstunden fast in voller Sonne liegt. Allerdings verschwindet sie im Sommer etwa um 15.30 Uhr hinter dem Wohnblock an der Rückseite, der den hinteren Teil unseres Gartens im Sommer wiederum zu etwa einem Drittel verschattet. Lediglich nach 18 Uhr taucht die Sonne noch einmal kurz hinter diesem Wohnblock im Nordwesten auf. Aufgrund meiner Beobachtungen des Schattenwurfs innerhalb eines Jahres sowie aus gestalterischen Gründen fand ich den künftigen Standort für mein Gewächshaus, von dem ich mir die beste Nutzung des Sonnenlichts erhoffte, in der hinteren Hälfte an der nördlichen Gartengrenze.

2 Gartenidyll zwischen Reihenhäusern

3 Erdgewächshaus mit Holzkonstruktion und Gründach

4 Blick aus dem Erdgewächshaus

5
Herbst 1997: Schwerstarbeit Erde ausschachten

Vorbilder

Ich erinnerte mich an die Vermehrungsgewächshäuser aus meiner Gärtnerlehrzeit. Sie waren in die Erde hineingebaut, nur das verglaste Dach ragte heraus und drinnen lagen die Stellagen ungefähr auf der Höhe des äußeren Bodenniveaus. Die Erde, die den Sockel des Gewächshauses umgibt, sorgt für Wärmedämmung. Ein Erdgewächshaus kam meinem Wunsch entgegen, das Glashaus im kleinen Garten nicht zu groß und wuchtig erscheinen zu lassen. Beeindruckt war ich auch von einer ehemaligen Orangerie, die ich an einem kalten Wintertag besichtigte. Während draußen Frost herrschte, sorgte die nach der Sonne ausgerichtete Glasfront für ein angenehm warmes Klima. Mein Gewächshaus sollte eine Kombination aus beiden Vorbildern auf kleinster Fläche werden.

Planung

Eine Anfrage bei der Baubehörde ergab, dass für kleine Bauwerke mit einem umbauten Raum unter 18 m^3 weder eine Baugenehmigung erforderlich ist, noch ein Grenzabstand eingehalten werden muss. Ich lag mit meinem Vorhaben unter diesem Maß. Um eine kleine Fläche optimal zu nutzen, ist ein quadratischer Grundriss am günstigsten. Ich wähle zunächst eine Fläche von 3 m x 3 m. Für die kaum besonnte Nord- und Westseite plante ich 36 cm dicke, gemauerte Wände ein. Sie sollen das Gewächshaus von außen vor Kälte schützen und innen die Wärme der einfallenden Sonne speichern. Die beiden Rückwände stoßen rechtwinklig im Nordwesten zusammen. Sie erreichen an ihrer nach Osten und Süden ausgerichteten Stirnseite eine Höhe von 1,80 m, während sie in der Nordwestecke etwa 25 cm über dem Boden enden. Im Verlauf von Osten nach Süden wollte ich die Sonne einfangen. Dazu ordnete ich die Fenster in einem Viertelkreis an dem Verlauf der Sonne folgend von Osten über Südosten bis zur Südsei-

6
Die gemauerten Wände mit Türöffnung

7 Träger der Mittelpfette

8 Rahmen für die Verglasung und Kanthölzer als Auflager für das Dach

9 Das Holztragwerk für das Dach und die Verglasung

te. Der größte Nutzen passiver Sonnenenergie wird erzielt, wenn die Sonnenstrahlen am kürzesten Tag des Jahres, am 23. Dezember, genau im rechten Winkel durch das Glas in das Innere des Gewächshauses fallen. Um den günstigsten Einfallswinkel zu ermitteln, zählt man zum nächsten gelegenen Breitengrad – in unserem Fall ist es der 47. – 20 dazu, d.h. die verglaste Fläche sollte einen Neigungswinkel von 67° haben.
Das Fundament von der Ost- bis zur Südseite bildet einen Viertelkreis. Als Dach wählte ich eine Bretterschalung mit einer Dachbegrünung.

10 Detail Tragwerk

11 Holzstütze in Metallschuh

12 Rahmenholz für die Verglasung

13 Die Bretterschalung für das Dach

14 Vlies über Dachpappe

Die Materialien

Für die Wände ergatterte ich einen Restposten 24er und 12er Hohlziegel zu einem herabgesetzten Preis. Kostenlos konnte ich eine größere Anzahl gut erhaltener alter Bretter und Balken erhalten. Lediglich die Bretter, Kanthölzer und Leisten für die selbst gefertigten Rahmen kaufte ich im Baumarkt. Einen Teil der alten Glasscheiben hatte ich bereits früher gesammelt. Weitere große, ausrangierte Scheiben bekam ich von einer Nachbarin. Was ich dann noch zukaufen musste, waren Sand, Mörtel, Nägel, Schrauben, Fensterkitt, Farbe, Löschkalk und Wandputz sowie Dachpappe, Vlies und Folie für die Dachbegrünung.

Der Bau

Die ausgehobene Erde des Gewächshauses nahm bei der Lagerung fast zwei Drittel des Gartens ein (Abb. 5). Da war es gut, dass ich eine Neugestaltung dieses Gartenteils von vorn herein mit eingeplant hatte. Ich benutzte die ausgehobene Erde zum Füllen erhöht angelegter Staudenbeete. In der Schotterebene des Voralpenlandes bei München ist das Ausheben mit Kreuzhacke und Schaufel eine Knochenarbeit! Die 3 x 3 m große und 1 m tiefe Baugrube schachtete ich rundherum 30 cm größer aus, um Arbeitsraum zum Mauern zu gewinnen.

Ich mischte 1 Teil Zement mit 3 Teilen Sand und etwas Wasser im Mörteltrog und füllte damit einen kleinen, 10 cm tiefen und 36 cm breiten Graben auf der Sohle der Baugrube. Darauf begann ich zu mauern. Die rückwärtigen Mauern errichtete ich in 36 cm Breite mit 24er und 12er Gitterziegeln. An der Westseite ließ ich eine 96 cm breite Türöffnung frei (Abb. 6). Das Fundament für die Fensterrahmen mauerte ich in 24 cm Breite, außerdem errichtete ich als Abgrenzung des Hochbeetes zum Gang im Gewächshaus eine 12 cm breite Mauer, bei der ich die Ziegel mit den Hohlräumen waagerecht anordnete. Darin wollte ich Farne ansiedeln.

Das Dach

Zu beiden Seiten der Mauerköpfe befestigte ich 6 x 6 cm Kanthölzer mit Dübeln und Schrauben als Auflage für die Bretterschalung (Abb. 7). Außerdem erhielt das Dach eine diagonal in der Mitte eingezogene Doppelpfette (Abb. 8 - 10). Ich betonierte einen Metallschuh mit U-Profil in den Gewächshausboden, auf dem ich senkrecht ein Vierkantholz (6 x 6 cm) befestigte (Abb. 11). Über der Oberkante des Hochbeets und des

15
Substrat für die Dachbegrünung

16
Bald grünt und blüht es auf dem Dach.

Rahmenfundaments schraubte ich von beiden Seiten je ein Brett daran. Einen weiteren Balken befestigte ich zwischen diesen Brettern am Fundament für die Fenster und richtete ihn im Winkel von 67° aus. In der Nordwestecke dübelte ich mit dicken, langen Schrauben ein Stück Balken an die Wand an. Dieses Stück verband ich nun wiederum mit zwei Brettern mit dem Kopf des vorderen, um 67° ausgerichteten Balkens. So verlegte ich die Bretter des Daches von den beiden Mauern zur Mittelstrebe, wo sie schräg aufeinander trafen. An dieser Stelle musste ich die Bretter auf Gehrung schneiden. Ich befestigte sie auf den seitlichen Kanthölzern und der Mittelstrebe mit Nägeln. Diese Dachform sieht aus wie zwei aufgefaltete Flügel. Das Regenwasser wird in der Rinne gesammelt, die konstruktionsbedingt entstanden ist und in eine Zisterne am Ende des Daches geleitet. Die zwei Öffnungen für die Lüftungsfenster sparte ich aus, versah sie mit einem Rahmen und montierte dann alte Wohnungsfenster mit Scharnieren daran.

Fensterrahmen selbst gefertigt

Da ich weder über Werkzeuge noch Maschinen verfüge, um Hölzer mit den Profilen zu versehen, fertigte ich zunächst profillose Rahmen an, indem ich parallel zueinander je zwei Bretter mit zwei Kanthölzern zu Rechtecken verband. Die Kanthölzer oben und unten ließ ich vorerst beweglich, damit ich sie waagerecht passend verankern konnte. An die Innenseiten der langen Bretter schraubte ich nun dünne Leisten mit quadratischem Querschnitt von 1 x 1 cm und erhielt auf diese Weise meine gewünschten Profile für die Scheiben. Bevor ich aber die Scheiben einsetzte, musste ich noch die Rahmen oben und unten befestigen (Abb. 12). Auf dem Fundament befestigte ich sie mit langen Dübeln und Schrauben. Oben musste ich noch einmal extra keilförmige Hölzer einbauen, um daran die Rahmen befestigen zu können. Außerdem entstanden durch die Neigung von 67° und Drehung jedes einzelnen Fensters zwischen den Rahmen spitz zulaufende Flächen, die ebenfalls verglast werden mussten. Von diesen spitzen Zwischenflächen fertigte ich Pappschablonen an und ließ die alten Glasscheiben entsprechend vom Glaser zurechtschneiden. Die Scheiben setzte ich mit Fensterkitt ein und verblendete die Rahmen mit schmalen Brettern.

Buntes Dach

Auf die Bretterschalung des Daches nagelte ich zunächst Dachpappe und legte ein Vlies zum Schutz der anschließend darauf ausgebreiteten Kunststoff-Folie darüber (Abb. 13, 14). Ein weiteres Vlies deckte ich über die Folie. Ein paar Hölzer quer übers Dach gelegt, dienen als Schubschwellen und Halt für die Erde auf dem Dach. Das Dachsubstrat mischte ich aus dem aus tieferen Erdschichten stammenden gesiebten Aushub und Sand. Ich trug das Substrat auf der Bretterschalung 7 cm dick auf und dort, wo die Schalung durch die Mauern gestützt war bis zu 10 cm (Abb. 15).

Von einer Staudengärtnerei bezog ich Dachwurze (*Sempervivum* und *Jovibarba*) sowie Polsterthymian und Zwergiris. Außerdem pflanzte ich Schnittlauch aufs Dach, streute selbst geernteten Sedumsprossen und säte eine im Samenhandel erworbene Dachgärtnermischung aus. Die Erde mit den ausgestreuten Sedumsprossen und der ausgesäten Samenmi-

17
Der Zugang in das Erdgewächshaus

18
Einbau einer 300 l-Regenwassertonne

schung verdichtete ich mit der Maurerkelle.

Tür, Treppe und Zisterne

Die Tür baute ich aus Platzgründen zweiteilig. Ein Flügel ist ausreichend breit, um in das Gewächshaus zu gelangen, beide Flügel öffne ich nur zum Transport großer Kübelpflanzen.

Für den Treppenabgang habe ich die Erde 1,50 m breit und in Länge der Gewächshauswand ausgeschachtet (Abb. 17). An der Nordwestecke baute ich eine 300 l fassende Regenwassertonne mit Schlauchanschluss als Zisterne ein (Abb. 18). Diese Tonne hat einen leicht trichterförmig ausgebildeten Deckel mit einem Loch in der Mitte. Ich ordnete die Tonne so an, dass sie das Wasser aus der Mittelrinne des Dachs auffängt. An den Schlauch schloss ich mit Hilfe von T-förmigen Zwischenstücken zwei Nebenschläuche mit einem Wasserhahn an, den einen in Gießkannenhöhe, den anderen ganz unten, so dass ich die Tonne im Winter völlig entleeren kann. Hinter dem Gewächshaus verlegte ich ein Rohr, das im Teichbiotop mündet. Mit Hilfe eines gebogenen Rohrstücks am Ende des Rohrs kann ich das Wasser vom Gewächshausdach auffangen und in den Teich leiten, wenn die Zisterne voll ist, indem ich dieses Stück einfach unter den Wasserablauf des Dachs drehe. Die Zisterne ließ ich hinter einer Trockenmauer aus Nagelfluhsteinen verschwinden, aus der nur die beiden Wasserhähne herausragen (Abb. 19, 20). Den Deckel der Tonne verkleidete ich mit einer dünnen Lage Kieselsteinen. Auch den Treppenabgang stützte ich mit einer Trockenmauer aus großen Nagelfluhsteinen ab.

Die Treppe hat fünf Stufen. Ich legte sie nach der Stufenformel 2 x Stufenhöhe+Auftritttiefe = 63 bis 65 cm an, dem Maß für einen menschlichen Schritt. Meine fünf Stufen sind 18 cm hoch und 27 cm tief und überbrücken einen Höhenunterschied von ca. 95 cm (Abb. 21). Die Vorderkanten bestehen aus gemauerten Gitterziegelsteinen, die leicht nach vorn geneigten Auftrittflächen sind mit Kieselsteinen belegt. Die Antrittsfläche unten vor der Tür sowie den Gehbereich im Gewächshaus pflasterte ich ebenfalls mit Gitterziegeln.

19
Der Eingang zum Erdgewächshaus ist mit frostbeständigen Hochlochziegeln belegt. So kann Niederschlagswasser versickern.

20
Regenwassertonne hinter Natursteinmauer: Nur noch der Wasserhahn ist zu sehen.

21
5 gemauerte Stufen aus Gitterziegeln überbrücken einen Höhenunterschied von ca. 95 cm.

Innenausstattung

Eine 12 cm breite und 1 m hohe Gitterziegelwand trennt das Hochbeet von der begehbaren Fläche des Gewächshauses ab. Die Oberfläche des Beets liegt genau in Höhe des Bodenniveaus außerhalb des Gewächshauses (Abb. 22). Mit einer Beetbreite von 90 cm lässt es sich noch gut bearbeiten. Das Beet ist mit Mutterboden und reichlich Komposterde gefüllt. Die Wände und die Decke des Gewächshauses habe ich mit Löschkalk geweißelt, sie reflektieren das Sonnenlicht. Eine Hängestellage aus hochkant gestellten Vier-

22 Hochbeetbegrenzung aus Gitterziegeln

23 Praktische Hängestellage

kanthölzern mit rechteckigem Querschnitt verläuft von einer Wand über die Mittelstrebe und bietet Standflächen für Saatkisten und Anzuchttöpfe (Abb. 23). Auf einem Regal an der nördlichen Wand liegen Pikierkisten, Töpfe und Saatschalen sowie Kleinwerkzeuge bereit. Als Belüftung dienen zwei Lüftungsfenster im Dach. Durch unterschiedlich weites Öffnen der Tür wird der Luftstrom gesteuert.

Bewirtschaftung

Ende Januar, Anfang Februar beginne ich mit der Aussaat von Kohl, Sellerie, Paprika und Tomaten im Wohnhaus bei Zimmertemperatur unter Kunststoffhauben. Ab Mitte März stelle ich die pikierten Pflanzen auf die Hängestellagen ins Gewächshaus. Weitere Aussaaten zur Anzucht von Gemüse, Kräutern und Sommerblumen kommen hinzu. Sie werden pikiert, in Töpfe gepflanzt, dann vereinzelt, wodurch sie, sobald ich die Kübelpflanzen ab Mitte April ins Freie gebracht habe, bis Ende Mai das gesamte Gewächshaus in Beschlag nehmen. Nachdem ich die Jungpflanzen in meinen Gemüsegarten auf einem Bauernhof ausgesiedelt habe, säe ich direkt oder pflanze ich Gemüse, das im Gewächshaus reifen soll.

24 Beste Erfahrungen mit Schlangengurken

25 Peperonis im Erdgewächshaus

26 Paprika, grün und gelb

27 Andenbeeren

Ich habe mit verschiedenen Gemüsearten experimentiert und die besten Erfahrungen mit Schlangengurken gemacht (Abb. 24). Vier selbst aus Samen gezogene Pflanzen klettern an Schnüren empor und tragen von Ende Juni bis Oktober reichlich. Ein Versuch mit Honigmelonen brachte nur wenige Früchte hervor. Die Paprikasämlinge wuchsen sehr langsam heran, setzten dann aber viele Früchte an, die jedoch lange zum Ausreifen brauchten. Nur vereinzelte Exemplare färbten sich rot, Die anderen ernteten wir grün, viele Früchte waren im November noch klein, als wir die Pflanzen herauszogen (Abb. 26).
Besser entwickelten sich die Andenbeeren, die bald zu kräftigen Pflanzen heranwuchsen und viele Früchte ansetzten, doch auch die brauchten bis Ende September, bis die ersten Früchte reiften (Abb. 27).

Winterquartier

Ende Oktober, Anfang November räumen wir unsere Kübelpflanzen ein (Abb. 28, 29). Dazu gehören drei Lorbeerbäume, drei Rosmarintöpfe, ein Granatapfel, eine Engelstrompete und diverse kleine Töpfe mit eigentlich winterharten Pflanzen, die wir aber nicht draußen stehen lassen wollen. Es handelt sich also um Pflanzen, die nicht allzu frostempfindlich sind. Im Vergleich von je einem an der Außenwand und im Inneren des Gewächshauses angebrachten Maxima-Minima-Thermometer zeigte sich, dass die Temperatur selbst bei außen – 15°C innen selten unter – 5°C sank. Anfangs deckte ich an Tagen mit extremer Kälte eine doppelte Lage Rohrmatten auf die Glasscheiben, was aber später aus Bequemlichkeit unterblieb (Abb. 31). Außerdem packten wir die Pflanzen vor starken Frösten in eine doppelte Lage Vlies ein und zündeten über Nacht eine Petroleumlampe oder zwei Friedhofskerzen an.
Die Kübelpflanzen werden in der Regel ab Anfang April aus dem Gewächshaus geräumt, denn dann wird der Platz für die Anzuchten gebraucht (siehe oben).

Erfahrungen

Die Dachbegrünung ist zwar üppig gewachsen, sie hat schön geblüht, jedoch als Kälteschutz nicht so viel gebracht, wie wir uns erhofft hatten. In Übergangszeiten und im Sommer schien sie eher noch kühlend zu wirken und unser Gewächshaus fast in einen kühlen Keller zu verwandeln, jedenfalls lag die Innentemperatur oft nicht höher als die Außentemperatur. Stattdessen wäre es gut ge-

28
Kübelpflanzen-Überwinterung

29
Lorbeer und Rosmarin im Winter

30 Das Erdgewächshaus unter Schnee versteckt

31 Rohrmatten als Wärmeschutz

wesen, von oben mehr Licht im Gewächshaus zu haben, ein Aspekt, den ich bei meiner Planung aufgrund ungenauer Beobachtung vernachlässigt hatte. Andererseits konnten wir durch das begrünte Dach im Sommer auf eine Schattierung verzichten.

Baufehler

Bei der Dachbegrünung gelang es mir nicht, die Folie an den Dachfenstern ausreichend abzudichten. Zudem staute sich das Wasser teilweise dort, wo der Rahmen der Dachluke in der Nähe der Mittelrinne endete. So lief Wasser über diesen Rahmen und gelangte zwischen die Folie und die Holzschalung (Abb. 34). Durch die Nässe entstand im Lauf der Jahre Fäulnis an manchen Brettern der Holzschalung. Um diesen Fehler zu beheben, hätte ich die gesamte Dachbegrünung entfernen, die Fensterrahmen mit Hilfe von Kanthölzern erhöht anbringen und das Dach mit Folie, vor allem aber sorgfältiger Dichtung an den Dachfenstern wieder neu abdichten müssen. Dazu fehlten mir aber Zeit und Nerven. Der zweite Fehler: ich hätte die selbst aus Holz gefertigten Rahmen nicht direkt in Erdniveau auf dem Fundament aufliegen lassen dürfen, sondern das Fundament etwas erhöhen und die Glasscheiben so befestigen müssen, dass das ablaufende Wasser über den Rahmen hinweg abtropft, ohne das Holz zu berühren. Durch diesen Fehler wurden im Lauf der Jahre auch einige der Rahmen im unteren Bereich morsch (Abb. 33).

Sanierung mit Stahlblech

Dennoch hat die Holzkonstruktion mehr als zehn Jahre lang gehalten. Fäulnis zeigte sich nur an wenigen kritischen Stellen. Für einen neuen Dach- und Fensteraufbau vermaß ein Schlosser meinen Holzaufbau, machte Fotos und baute dann die Dach- und Fensterkonstruktion aus Stahlblech nach (Abb. 35).

33 Rahmenfuß morsch

32 Pflanzen unter Vlies

34 Das morsche Dach

35
Nach mehr als 10 Jahren: Die Holzkonstruktion wird durch Metall ersetzt.

36
Das sanierte Erdgewächshaus im Frühling

Kontakt
siehe auch
www.gartenschreiber.de

37
Statt Gründach ist die Dachfläche nun teilweise verglast, außerdem wurden 2 Lüftungsfenster eingebaut.

38 Die Südwestseite

Mit wenigen Abänderungen und Verbesserungen entspricht nun die neue Konstruktion im Wesentlichen dem vorherigen Holzaufbau. Die Scheiben bestehen aus Sicherheitsglas und sind jeweils zu drei Elementen mit je zwei Fenstern so zusammengefasst, dass zwei Fenster nach Osten, zwei nach Südosten und zwei nach Süden weisen. Das Dach enthält zwei Lüftungsfenster und darüber hinaus eine weitere Verglasung (Abb. 37). Der Dachüberstand ist vorne 60 cm breit, aber größtenteils verglast. An den Wänden ergeben sich mit dem Überbau der 36er Mauer und dem Dachüberstand auch wieder breite unverglaste Streifen. Die wollte ich ursprünglich abermals begrünen, doch das neue, in dunkelgrüner Farbe lackierte Blech fand ich so schön, dass ich vorerst darauf verzichtet habe.

Die zusätzlichen Fenster in der neuen Dachkonstruktion bringen wesentlich mehr Licht. Und wenn die Sonne hinter dem benachbarten Wohnblock noch einmal kurz auftaucht, tragen die abendlichen Sonnenstrahlen wesentlich zur Erwärmung des Gewächshauses sowie zum besseren Gedeihen der Pflanzen bei. Nach drei Jahren Gewächshausbetrieb mit dem neuen Aufbau wissen wir, dass so die Sonnenenergie passiv besser ausgenutzt wird, als es mit der alten Konstruktion möglich war.

Alle Abbildungen: Wolfram Franke

Das multifunktionale Gewächshaus

Kurt Forster

Wer wünscht sich nicht einen romantischen, mit duftenden Mittelmeerpflanzen umgebenen Sitzplatz, in den Wintermonaten saftige Kiwis, im Herbst herrliche Tomaten und das ganze Jahr über frischen Salat? Ist so etwas ohne beheiztes Gewächshaus in Mitteleuropa überhaupt möglich? Ja, durch geschicktes, permakulturelles Vernetzen verschiedener Funktionen kann auch ein unbeheiztes Gewächshaus als kleine Überlebensarche sehr viele unterschiedliche Erfordernisse erfüllen. *Außerdem:* Ein gut geplantes Gewächshaus, das einen erheblichen Beitrag zur Selbstversorgung leisten und uns viele sinnliche Vergnügen schenken kann, ist ein sicherer Wert, anders als es bei der momentanen Finanzkrise Hedgefonds, Aktien oder Obligationen sind.

David Holmgren, der bekannteste Schüler und Nachfolger des Permakulturpioniers Bill Mollison, formulierte als zweites Designprinzip der Permakultur: „Catch and store energy", fange die (Sonnen)Energie auf und bewahre sie. Wohnt man nicht in südlichen Ländern, den Tropen oder Subtropen, sondern wie der Autor in Mitteleuropa auf 800 m Höhe über Meer, ist eine 365 Tage Frischversorgung mit Salaten und Früchten ohne Gewächshaus kaum zu realisieren. Wie es nun möglich ist, mit Hilfe des „catch and store energy"-Prinzips auch unter solchen klimatischen Bedingungen ein gut funktionierendes, unbeheiztes Gewächshaus zu bewirtschaften, wird im Folgenden gezeigt.

1
Sommeridylle:
Das Gewächshaus mit davor liegendem Teich.

Gewächshauskategorien und Kosten

In bezug auf Finanzen und Bauaufwand lassen sich grob 4 Gewächshaus-Kategorien unterscheiden:

- Foliengewächshäuser
- Selbstkonstruierte Gewächshäuser unter Verwendung von möglichst viel Recyclingmaterial.
- Gekaufte Fertiggewächshäuser „ab Stange".
- Nach Maß an das Wohnhaus angebaute Anlehngewächshäuser aus Architektenhand.

Die Kosten variieren je nach Kategorie erheblich. Der Selbstbau eines funktionierenden Gewächshauses verlangt gute handwerkliche Fähigkeiten. Aus dieser Überlegung heraus habe ich für mein an unser Wohnhaus angebautes Gewächshaus als Grundkonstruktion ein Fertigglashaus gekauft, das ich dann durch verschiedene Elemente erweitert und verbessert habe.

2 *linke Seite*
Der Autor, dipl. Permakultur-Designer, in seinem Gewächshaus.

5 *unten*
Das mit seiner Ostseite an das Wohngebäude angebaute Gewächshaus ermöglicht jederzeit einen trockenen Zugang.

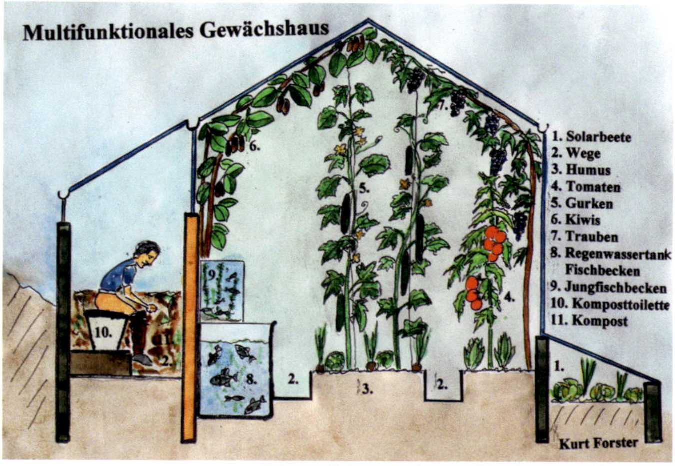

3 Querschnitt durch das Gewächshaus

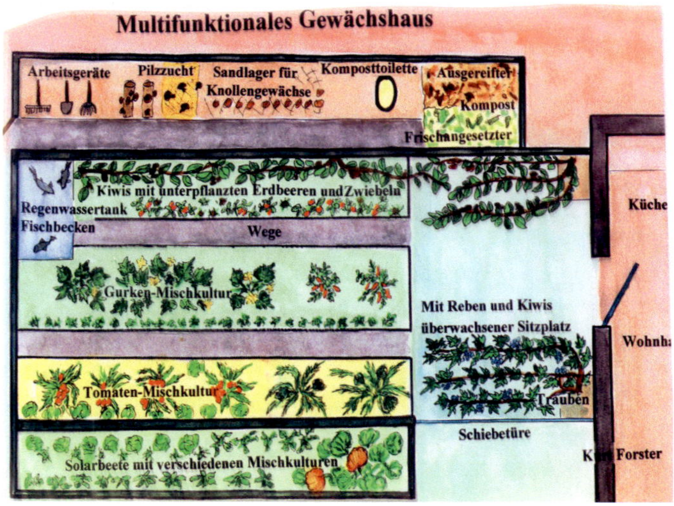

4 Grundriss Gewächshaus

6
Gewächshausbau: Als erstes wurden das Fundament und die gemauerte Rückwand errichtet....

7
... und dann das fertig gekaufte Glashaus auf dem Fundament und der Rückwand befestigt.

8
Sehr praktisch: Die große Schiebetür ist eine Spezialanfertigung.

Lage, Ausrichtung, Wärmedämmung

Bei der Planung eines unbeheizten Gewächshauses ist es sehr wichtig, dass es möglichst den sonnigsten Platz im Garten bekommt, damit es, vor allem im Winter, viel Licht und Wärme erhält. Am besten sonnenexponiert ist es, wenn es eine Süd- oder Südwestausrichtung hat. In unserem Fall war es idealerweise möglich, das Gewächshaus direkt mit dem Wohnhaus zu verbinden. So erreichen wir auf kurzem, sauberem Weg die Küche und können selbst bei kaltem Regenwetter trockenen Fußes dorthin gelangen. Unser Glashaus kauften wir bei einer guten Gewächshausfirma. Damit es langjährig alle Funktionen erfüllt, hat es ein tiefreichendes Fundament, ist mit bruch- und hagelfesten Doppelstegplatten (Polykarbonat) versehen, sowie mit allen notwendigen Details wie Regenrinnen, automatischen Lüftungsklappen etc. ausgerüstet. Es ist ratsam, das Gewächshaus so groß wie möglich zu wählen, also nicht kleiner als 6 m mal 3 m, besser aber größer!

Unser Gewächshaus ist 8,2 m lang und 3,2 m breit, die Giebelhöhe beträgt 2,7 m. Zur Nordseite hin ist das Gewächshaus mit einer 1,6 m hohen Ziegelsteinmauer versehen (Abb. 6 und 7).

Um im Winter möglichst viel Licht hineinzubringen, legte ich im Süden davor einen Teich an, der das Sonnenlicht in das Gewächshaus reflektiert. Ein großes, etwa 1000 l Wasserbecken, die nördliche gemauerte Wand und U-förmige Gewegplatten speichern die Tageswärme Das sorgt dafür, dass selbst in kalten Frostnächten die Temperatur nicht unter 0°C absinkt.

Lüftung und Wärmezirkulation

Bei zu hoher Luftfeuchtigkeit werden Pflanzen anfälliger für Pilzbefall und zu große Hitze schädigt sie. Eine ausreichende Durchlüftung im Gewächshaus ist deshalb sehr wich-

tig. Mein Gewächshaus hat eine große Schiebetüre (Spezialanfertigung der Gewächshausfirma) vor unserem Sitzplatz an der Südseite (Abb. 8). Im Sommer ist die Schiebetür geöffnet und schenkt einen Blick in die Weite und auf den vorgelagerten Teich. Ein guter Wärmeabzug ist im Giebel durch vier, ein Meter lange Lüftungsklappen gewährleistet. Zwei davon werden von Hand bedient, die anderen beiden öffnen sich bei höheren Temperaturen automatisch. So ist für das Glashaus während der Wintermonate keine Handbedienung erforderlich – die Lüftung erfolgt vollautomatisch.

Gliederung in vier Bereiche

Gemäß den Prinzipien der Permakultur sollte jedes Element mehrere Funktionen erfüllen und jede Funktion von mehreren Elementen abgedeckt werden. Dies gilt speziell auch für die eher kostspieligen größeren Glashäuser. Außer den Anbauflächen befindet sich in unserem Gewächshaus noch, wie schon erwähnt, ein Sitzplatz (Abb. 9). Nach Süden habe ich außen davor niedrige Solarbeete (Frühbeete) gebaut. Sie schützen das Fundament vor direkter Kälte und tragen zudem bei, die Anbausaison zu verlängern (Abb. 10 - 12).
Im Norden habe ich das Gewächshausdach um 1,5 m verlängert und den Überstand genutzt, um ihn mit einer dreischichtigen, wärmedämmenden Wand einzufassen: Außen schützt eine Steinmauer, dann folgen Styroporplatten und innen ist die Wand mit Holzbretter verkleidet.

9
Von Trauben überwachsener romantischer Sitzplatz.

10
Mit den Solarbeeten vor dem Gewächshaus kann die Anbausaison verlängert und gleichzeitig das Fundament des Gewächshauses wärmegeschützt werden.

11
Bunte Mischkultur in den Solarbeeten: Winterzwiebeln, Kopfsalat, Ruccola, Pflücksalat, Bohnen und junge Kürbisse.

12
Wichtig: Die transparente Abdeckung der Solarbeete.

13 Früh übt sich ...

14
Die Kiwis bedecken die Nordwand. Sie haben eine Unterpflanzung von Erdbeeren und Zwiebeln.

15
Der Autor mit einer weiteren Steige Kiwis. Ende November können 400 bis 500 der leckeren Früchte geerntet werden.

So entstand ein kleiner Mehrzweckraum, der zudem als Kältepuffer und Windschutz dient. Ist dieser nördliche Anbau zur Hälfte im Boden versenkt oder mit einem Erdwall versehen, erhält man einen zusätzlichen Kältepuffer und gleichzeitig einen Wintergemüselagerort für rote Bete (Randen), Sellerie, Lauch etc.

Sinnlicher Vier-Jahreszeiten-Sitzplatz

In den Wintermonaten - vorausgesetzt die Sonne scheint – steigt die Lufttemperatur im Gewächshaus gern einmal auf +20°C. Dann dient es uns als geschätzter Sitzplatz, um bei einer Tasse Tee und einem guten Buch Sonnenlicht zu tanken und den Duft eines blühenden Zitronenbäumchens zu genießen. Im Frühling wiederum erlaubt es uns, die Abende draußen zu verlängern. Daneben ist unser Gewächshaus auch ein idealer Ort, um die Pflanzenanzuchtgefäße vorzubereiten und die Setzlinge vorzuziehen. Wenn an einem warmen Sommerabend ein Gewitter herunterprasselt, genießen wir im Gewächshaus Zeltplatzromantik, sicher geschützt unter Glas. Im Hochsommer spenden Reben und Kiwis Schatten und vermitteln das Gefühl, in einer romantischen Weinlaube zu sein. Und im Herbst, wenn das Glashaus voller Kiwis hängt, fühlen wir uns wie in den Subtropen.

Fruchtbarer Boden

In einem gut geplanten Gewächshaus gibt es keine unbepflanzte Erde in den Beeten. Wird ein Salat geerntet, eine Gurken- oder Tomatenpflanze entfernt, so wird an die leere Stelle sofort wieder eine Jungpflanze gesetzt. Natürlich bestimmen Pflanzplan und Fruchtwechsel den Neubesatz. Der Boden muss im Laufe eines Jahres sehr viele Nährstoffe hergeben d.h. wir müssen ein besonderes Gewicht auf die Bodenaufbereitung legen.

Ich versehe den Boden mit Kompost, verschiedenen Steinmehlen und Lavagranulat. Den Großteil davon bringe ich in der Hauptwachstumsphase aus, also im Juni. Zusätzlich mulche ich unter den meisten Kulturen mit Rasenschnitt, Beinwell und Wasserpflanzen. Etwa alle 5 Jahre erneuere ich einen Teil des erschöpften Bodens. Während der Sommermonate erhalten die Starkzehrer wie Tomaten, Gurken, Auberginen etc. eine stärkende Kräuterbrühe. Dazu setze ich Brennnesseln, Schachtelhalm

und Beinwell ca. 14 Tage lang in Wasser an und überpudere die Flüssigkeit mit verschiedenen Steinmehlen. Diese liefern wertvolle Mineralstoffe und mindern zudem den üblen Geruch.

Mehrjährige Bepflanzung

Mehrjährige Pflanzen bilden die Grundstruktur der Begrünung. Die großen Kiwis (*Actinidia chinensis*) bedecken die nördliche Rückwand (Abb. 15). Die zwei weiblichen Pflanzen liefern nach 4 bis 5 Jahren in meinem 8 m langen Gewächshaus jährlich 400 – 500 Früchte. Sie werden anfangs Dezember geerntet, wenn die Blätter fallen und die ersten starken Fröste auftreten. Ab Januar bis in den Frühling hinein sind die Kiwis eine saftige Erfrischung und dienen als ideale Vitamin C Versorger.
Die Weinranken über dem Sitzplatz schützen im Sommer vor intensivem Sonnenlicht. Schon ab August können wir hier herrliche, ungespritzte Tafeltrauben ernten (Abb. 16). Dieser Segen hält meist bis Ende September an. In der Ecke zwischen Haus und Gewächshaus gedeiht – ohne Heizung! - eine prächtige Maracuja-Kletterpflanze.
Ich habe mehrjährige Artischocken gepflanzt, die schon im April ihre Delikatessen liefern, die distelähnlichen Blütenköpfe. Meist gibt es im August noch eine zweite Ernte von dieser Zierpflanze.
Der Sitzbereich in unserem Gewächshaus ist zudem ein idealer Ort, um kälteempfindliche Pflanzen wie Zitruspflanzen, Oliven und Mittelmeerkräuter zu überwintern. Während der warmen Monate stehen sie draußen, im Winter lieben sie es im Gewächshaus geschützt, kühl und hell. In den Wohnräumen ist es ihnen im Winter zu warm und zu dunkel. Unter solchen Verhältnissen erkranken sie leicht.

Vielfältige Mischkulturen – frische Vitamine vor der Küchentür

Im Frühling, wenn es wieder heller wird, die Nächte aber oft noch kalt und frostig sind, ist das Gewächshaus ein idealer Ort zur Anzucht von Setzlingen.
Bei geschickter Planung bringt jedes Beet drei Ernten pro Jahr. Während der Wintermonate bedecken Endivien, roter Radicchio, Feldsalat (Nüsseler), frühe Zwiebeln und Portulak den Boden. Werden sie geerntet, so

16
Ob die Trauben wohl schon schmecken?

17 Bepflanzung im Winter

18
Schon im Februar können wir die frischen, im Herbst gesetzten Salate ernten, eine Mischung von Endivie, rotem, Radicchio, Feldsalat und Portulak.

19
Im Hochsommer gedeihen vor allem Tomaten, Gurken, Auberginen und Peperonis im Schutz des Gewächshauses.

20
Neben Tomaten wachsen auch Kiwis und Artischokken und schaffen einen Hauch von Mittelmeerambiente.

pflanze ich in die entstehenden Lücken junge Kopfsalatsetzlinge und säe Radieschen dazwischen. Im Spätfrühling werden frei werdende Stellen mit Tomaten, Gurken, Auberginen oder Peperoncinis bepflanzt. Bei geschickter Staffelung gibt es nie unbewachsene Stellen. Da der Boden sehr stark beansprucht wird, versorge ich ihn im Spätfrühling mit Kompost. Die jungen, stark zehrenden Nachtschattengewächse wie Tomaten, Auberginen und Peperoncinis sind dankbar dafür. Außerdem mulche ich den Boden laufend mit Wasser- oder Wasserrandpflanzen. Geschickte Planung, Staffelung und Fruchtwechsel der Kulturen sind wichtig. Um den Boden mit Stickstoff zu versorgen, wähle ich als Zwischenkulturen Schmetterlingsblütler wie z.B. Zuckererbsen (Kefen) im Frühling oder Bohnen im Sommer. Das Kiwibeet erhält als Unterpflanzung dauertragende Erdbeeren und Zwiebeln. Häufig pflanze ich auch Küchenkräuter zwischen die Kulturen, also z.B. unter die Tomaten Petersilie oder Basilikum.

Große Wasserspeicher - Miniaquakultur

Zur Pflanzenbewässerung ist reichlich Wasser nötig, daher fange ich alles Regenwasser vom Gewächshausdach auf und leite es in große Behälter in das Gewächshaus. Dieses Wasser dient zusätzlich als Wärmespeicher. Es erwärmt sich nur langsam und kann dann im Winter tagelang Wärme abgeben, denn Wasser vermag 2½ mal so viel Wärme

zu speichern wie Gestein. Das Wasser dient auch als Gießwasser für die Gewächshauspflanzen, das Wasserbecken nutze ich gleichzeitig als Fischbecken. Als Bewohner habe ich kleinere bis mittlere, möglichst anspruchslose Fischarten ausgewählt. In meinem Becken experimentiere ich mit Algen fressenden Rotaugen aus dem Balkan. Mit ihrem Urin und Kot sorgen sie für eine leichte Düngung des Gießwassers und ihre Gesundheit ist gleichzeitig ein Indikator für die gute Wasserqualität. In einem größeren Aquarium oberhalb des Wasserbehälters züchte ich die Rotaugen und ziehe die Jungfischchen groß. Im Winter dient dieses Becken auch als Planktonzuchtbecken für die Vermehrung von Kleinkrebschen wie Wasserflöhe und Cyclops als Futterquelle für die Fische.

Wärmemanagement

Es war schon immer mein Traum, die großen Kiwis (*Actinidia chinensis*) ohne Fremdenergie zu ziehen. Diese leckeren Früchte sind im Januar, Februar und März ideale Vitamin-C-Versorger.
Mein Wohnort auf 800 m Höhe hat einen Vorteil: Die oft nebelfreien Spätherbst- und Wintertage mit viel Sonnenschein. An diesen Tagen wird das Speichermaterial im Gewächshaus erwärmt, also das große Wasserbecken und das 100 l-Aquarium, all die Wegplatten und die nördliche, gemauerte Rückwand. Eine weitere Wärmequelle bildet der große Kompost im nördlichen Anbau hinter dem Gewächshaus (Abb.22). Sehr wichtig ist die Wärmedämmung sämtlicher der Luft direkt ausgesetzten Fundamentteile. Die nördliche Rückwand ist durch den gewächshausähnlichen Anbau gedämmt, das Fundament der Westwand in die Erde versenkt und vor dem südlichen Fundament habe ich die Solarbeete als Puffer gebaut.
Die Ostseite des Gewächshauses grenzt an unser Wohnhaus. Aus dem Wohnhaus führt der Weg direkt in das Gewächshaus, so dass dort immer wieder mal warme Luft in das winterkalte Gewächhaus gelangt, z.B. wenn im Winter Salat geerntet wird, Küchenabfälle auf den Kompost gebracht oder Setzlingsanzuchten vorbereitet werden.
Der südlich vor dem Gewächshaus befindliche Teich spiegelt im Winter Sonnenlicht in das Gewächshaus. Außerdem liefert er Wasserpflanzen und Wasserrandpflanzen als Mulch-

21
Das Gewächshaus im Winter mit isolierender Schneeschicht.

22
Der auf der Nordseite des Gewächshauses angebaute Raum dient als Kompostplatz, Lagerraum, Pilzzuchtort und soll demnächst evtl. eine Kompost-Toilette beherbergen.

23
Regenwasser-Speicher im Gewächshaus. Oberhalb des Speichers ist ein großes Aquarium als Zuchtbecken für die Rotaugen eingerichtet. Im Winter dient es als Planktonzuchtbecken für Wasserflöhe und Cyclops.

material für die Treibhausbeete. Dieses organische Material zersetzt sich langsam, ernährt die Bodenlebewesen und bildet eine den Humus bedeckende, isolierende Schicht.

Wassermanagement

Mit unserer kostbaren Ressource Wasser sollten wir sehr sparsam umgehen. Vom Gewächshausdach sammle ich deshalb alles Regenwasser auf und leite es einem 1000 l Speicher im Gewächshaus zu (Abb.23). Dort produziert schwimmendes Hornblatt Sauerstoff und algenfressende Rotaugen aus dem Balkan reichern das Wasser mit ihrem Kot und Harn leicht mit Nährstoffen an. Der Beckenüberlauf führt direkt in eine 10 cm dicke Kiesschicht, die sich unter sämtlichen Gewächshauswegen befindet. Dadurch verteilt sich das vorgewärmte, leicht nährstoffangereicherte Wasser überall im Boden, d.h. alle größeren Pflanzen werden so getränkt. Mit dieser Technik kann ich auf das Bewässern verzichten, außer bei frisch eingesetzten Jungpflanzen.

Vorgesetzte Solarbeete (Frühbeete)

Vor die verglaste Südfront des Gewächshauses habe ich Frühbeete aus Doppelstegplatten gebaut. Sie isolieren das Fundament des Gewächshauses, dienen aber vorderrangig dazu, die Anbausaison im Frühjahr vorzuverlegen und im Herbst zu verlängern. Schon im Februar können wir hier Spinat, Kopfsalat, Radieschen und die ersten Zwiebeln ernten. Selbst im Winter reifen in den Solarbeeten Endivien-Salate und roter Chicoree. In der Sommersaison entferne ich die doppelwandigen Abdeckplatten. Auf diese Weise ist ein weiterer Ort in meinem Garten entstanden, an dem empfindliche Freilandgemüse wie Auberginen, Kürbisse oder Zucchini heranwachsen können.

Bau: Als langjähriger Aquarianer habe ich gelernt, mit Spezialleim Aquarienbecken zu kleben und erlebt, dass ihre Haltbarkeit Jahrzehnte beträgt. Diese Kenntnisse haben mir beim Bau der Solarbeete geholfen. Die Frühbeete bestehen aus 3 Elementen: Beton, 16 mm Doppelsteg-Kunststoffplatten (am besten aus Polykarbonat) sowie aus U- und L-förmigen Aluminiumprofilen.

Das Betonfundament ist 10 cm breit und reicht 60 cm in den Boden. Beim Ausbringen des Betons wurden die doppel U- und L-förmigen (in den Ecken) Profile gleich senkrecht mit einbetoniert. Zum Gewächshaus hin sind die Profile und die Seitenwände 10 cm länger als nach vorne, so ergibt sich ein Gefälle für die transparente Abdeckung. Sie besteht aus Doppelstegplatten mit einer Länge von 150 cm und einer Breite von 90 cm. Diese Maße erlauben, dass die Beete noch von vorne bedient werden können.

Die Vorder- und Seitenwände des Solarbeetes habe ich aus Doppelstegplatten miteinander verklebt und oben einfach mit U-förmigen Aluminiumprofilen eingefasst. Auf diese U-Profile habe ich wiederum L-förmige Profile geklebt und zwar so, dass die Abdeckplatten genau hineinpassen.

Lager- und Recyclingraum

Auf der Nordseite des Gewächshauses habe ich das Dach um etwa 1,5 m verlängert und einen schmalen Raum mit wärmegedämmten Wänden darunter gebaut (siehe Abb. 22, Seite 101). Seine rückwärtige Wand ist zur Hälfte im Boden versenkt, da das Gewächshaus an einem leicht geneigten Südhang liegt. Dieser längliche, schmale Raum dient zur Aufbewahrung von Gartengeräten und im Winter als Lagerplatz für Wurzelgemüse. Damit eine gewisse Grundwärme erhalten bleibt, habe ich hier meinen Kompost angelegt. Ich arbeite mit einer Doppelmiete, d.h. mit zwei nebeneinanderliegenden Komposthaufen. Der eine Kompost wird laufend aufgebaut, während der Kompost in der anderen Miete heranreift. Würmer und weitere Kompostarbeiter können nach erledigter Arbeit einfach ihren Wohnort wechseln. So steht der ausgereifte Kompost am richtigen Ort zur Verfügung. Kompost wird bekanntermaßen schichtweise aufgebaut: Eine Lage Häckselmaterial, dann Küchenabfälle und anschließend eine Schicht tierischer Mist von Kühen, Pferden oder Kaninchen. Jede Schicht wird laufend mit Steinmehlen eingepudert, um den Geruch zu binden und um mineralische Spurenelemente in das organische Material zu bringen. Mit etwas Wasser aus der Gießkanne wird für die richtige Feuchtigkeit gesorgt.

24 Frostfreies Überwintern.

Es besteht auch die Möglichkeit, in diesem Raum eine Pilzzucht anzulegen. Hierzu muss man sich aber genügend gute Kenntnisse erwerben. Außerdem könnte in diesem Raum eine einfache Komposttoilette ihren Platz finden, denn sorglos spülen wir unsere Ausscheidungen weg und damit wertvollen Dünger (weiterführende Literatur: Kompost-Toiletten, Sanitärtechnik ohne Wasser von W. Berger und C. Lorenz-Ladener, 2008, ökobuch Verlag).

Fotos und Zeichnungen: Kurt Forster

Das Gewächshaus und der Permakulturgarten können besichtigt werden. Anfragen bitte an Kurt.Forster9@bluewin.ch

Mein Erdgewächshaus

Wolfgang Putzinger

Im Jahr 2003 habe ich einen alten, schlecht renovierten Bauernhof gekauft. Nachdem die Umbauarbeiten abgeschlossen waren, wollte ich mir den lang gehegten Wunsch eines Gewächshauses erfüllen. Meine Überlegungen und die Planungsphase waren relativ lang, da die „normalen" Glashäuser für meine Bedürfnisse viel zu wuchtig erschienen und die Optik immer irgendwie störend war.

Bei einen Besuch im Schloss Schiltern in Niederösterreich bei der Arche Noah, die sich sehr um die Erhaltung alter Pflanzensamen sehr bemüht, entdeckte ich „komische" langgestreckte und sehr geduckt wirkende Glashäuser, von denen im Wesentlichen nur das Dach zu sehen war. Mein Interesse war geweckt und auf Nachfrage erfuhr ich, dass es sich eben um Erdgewächshäuser handelt, die im Winter auch ohne Heizung benutzbar sind.
Wieder zu Hause, habe ich das Internet nach Erdgewächshäusern durchstöbert, die Ergebnisse waren eher dürftig, aber 2 Baupläne konnte ich dann doch nach langer Suche finden. Nun konnte ich anfangen zu planen und den Standort festzulegen.
Am passendsten erschien mir die Lage meines Gewächshauses an der Südseite des Hofes mit einer Firstlinie in Nord-Süd Richtung, da dadurch die langen Seitenflächen des Gewächshauses von morgens bis abends von der Sonne bestrahlt sein würden.

2 Die Firstlinie des neugebauten Gewächshauses ist Nord-Süd-orientiert.

3 Bauplan

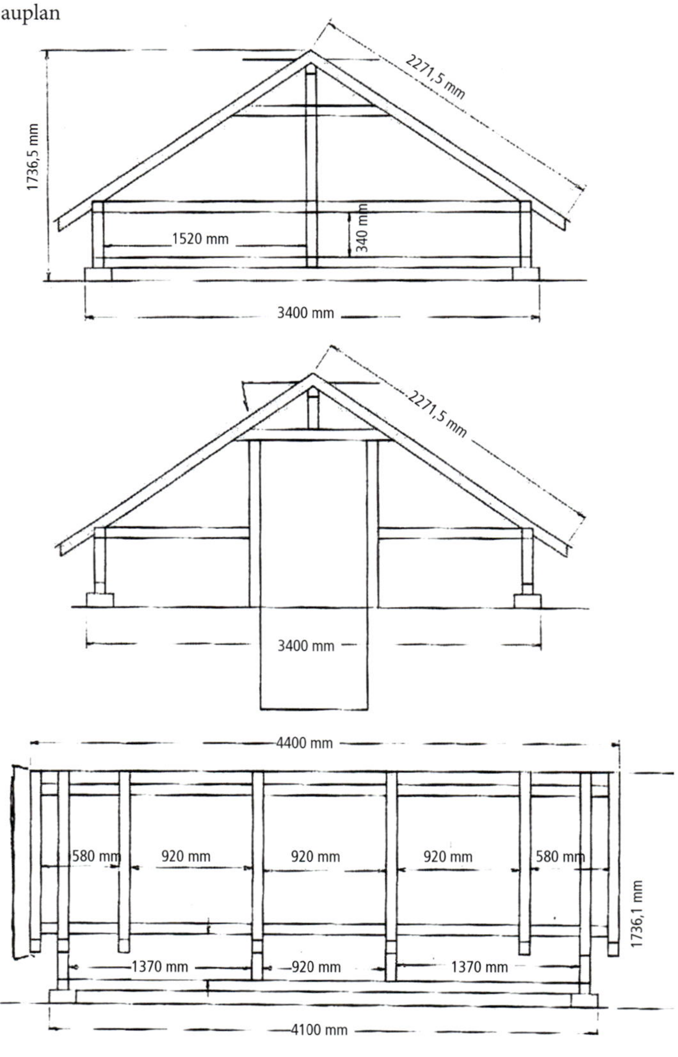

4 und 5
Mechanische Entlüftung am First ...

Mein Gewächshaus ist 4,4 m lang, 3,4 m breit und ragt dezente 1,73 m aus der Erde heraus (Abb. 1). Die Aushubarbeiten wurden mit Hilfe eines Baggers erledigt, da der Boden bei uns recht hart ist. Die Mauern bestehen aus Hohlbocksteinen, die wir mit Beton füllten. Der Boden in unserem Gewächshaus besteht aus groben Schotter, damit Regenwasser gut abfließen kann. Besonders wichtig ist bei festem Boden eine gute Drainage, da ansonsten das Gewächshaus nach Gewittern nur in Gummistiefeln betretbar ist. Sollte das Regenwasser nicht auf natürlichem Wege abfließen können, kann man sich nur mehr mit einer Tauchpumpe behelfen oder muss eben warten, bis das Wasser wieder versickert ist. Die Konstruktion meines Gewächshauses besteht aus nicht imprägniertem Lärchenholz, die tragenden Pfosten sind ca. 8 x 10 cm dick, da das Dach aus Echtglas besteht und recht schwer ist.

Die Beethöhe, also die Arbeitshöhe im Gewächshaus, ist natürlich individuell festlegbar, am besten ist meines Erachtens Hüfthöhe, um sich auch noch über das Beet beugen zu können.

Wichtig ist natürlich auch, dass die Lüftungsmöglichkeiten ausreichend groß bemessen sind: An meinem Gewächshaus sind am First über die ganze Länge Klappen angebracht, die mittels Scharnieren geöffnet werden können (Abb. 4 und 5). Die Klappen öffnen wir mechanisch, Technikfreaks werden das eher elektrisch mit Temperaturfühlern regeln. Um im Sommer übermäßige Sonneneinstrahlung und damit das Verbrennen der Pflanzen zu verhindern, kann man die verglasten Flächen entweder kalken oder aber man baut innen Jalousien aus dem Baumarkt zwischen die Holzstützen ein. Wir haben zusätzlich im senkrechten Verglasungsbereich noch verschiebbare Glasteile eingesetzt (Abb. 6 und 7), diese Lüftungsmöglichkeit aber noch nie gebraucht und deshalb bisher auch nur einmal genutzt um eine Hummel hinauszutreiben.

Ich habe auch eine automatische Bewässerung eingebaut (System Gardena), wobei zwischen Tropfschläuchen für Tomaten und Sprühdüsen gewechselt werden kann. Was die Verglasung betrifft, so haben wir uns für Echtglas entschieden, das hagelfest ist und für Veranda-Anbauten eingesetzt wird. Doppelstegplatten, die es für herkömmliche Gewächshäuser gibt, gefallen uns einfach nicht. Sie sollen nach einigen Jahren

auch innen Algen ansetzen und grün werden, haben wir gehört.
Der Nachteil des Echtglases ist sein Preis, es kühlt auch etwas schneller aus als eine Bedachung aus Doppelstegplatten. Wir hatten das Glück, Glas aus einem Verschnitt zu ergattern, dadurch konnten wir das Dach relativ preisgünstig bauen. Die Holzteile haben wir uns vom Tischler auf Länge sägen lassen, der Aufbau wurde dann selbst durchgeführt und war zu zweit in ca. 2 Tagen erledigt. Dazu kamen noch die Bagger- und Fundamentierungsarbeiten, für die man gut zwei weitere Tage veranschlagen kann. Das Glas hat uns etwa 2000 €, das Konstruktionsholz ca. 400 € gekostet, dazu kamen noch die Kosten für Schrauben und Kleinmaterial.

Im Gewächshaus können wir das ganze Jahr über pflanzen und ernten. Im Winter überleben Schnittlauch und Petersilie, wenn wir in sehr kalten, klaren Winternächten eine Kerze in das Gewächshaus stellen. Dann bleiben die Temperaturen meist um den Gefrierpunkt oder leicht darüber, bedingt durch die Isolierung der Erde und die Tiefe, die jedenfalls unter die Frostgrenze reicht. Wir benutzen das Glashaus auch gern als Miete für Möhren etc., da es mäusesicher ist und eben kaum gefriert. So können wir problemlos bis zur Neuaussaat Möhren lagern und nicht eine ist bisher verfault.
Im Frühjahr beginnt die Aussaat der Pflanzen fürs Freiland schon einige Wochen früher als es gemeinhin üb-

6 und 7
... und Schiebefenster im Sockelbereich.

8
Verglasung (hagelsicher), auch wegen der Ästhetik.

9
Boden mit Schotter, stabile Holzkonstruktion, um die Verglasung tragen zu können.

10
Blick aus dem Rohbau.

11
Die Tür ist zweigeteilt, was zum Lüften praktisch ist.

12
Das Gewächshaus ist fertiggestellt, aber noch nicht bepflanzt.

13
Nun grünt und blüht es drinnen.

lich ist und wenn auf unserem Hügelbeet die ersten kleinen Pflänzchen sprießen, setzen wir aus dem Glashaus schon richtig große Pflanzen dazu.
Von Tomaten, Bohnen, Basilikum, Schwarzwurzeln, Andenbeeren, Zuckermelonen bis hin zu Thai Auberginen gedeihen alle Pflanzen ausgezeichnet in unserem Gewächshaus. Die wärmeliebenden Pflanzen dürfen die ganze Zeit über im Gewächshaus bleiben - man muss allerdings auf das Fehlen der Bestäubung durch Insekten achten und zur Not etwas mit dem Pinsel nachhelfen.
Eine stetige Kontrolle der starkwüchsigen Pflanzen ist sehr wichtig, wir haben urlaubsbedingt mal die Tomaten „übersehen“ und konnten den Wildwuchs nur mehr durch Ausreißen der Pflanzen bändigen.
Was ich heute anders machen würde: Eine automatische Lüftung einbauen, eine bessere Drainage vorsehen und eine stabilere Eingangstüre wählen, denn die verzieht sich durch die extremen Temperaturunterschiede mehrmals im Jahr ganz erheblich. Ansonsten sind wir mit unserem Gewächshaus zufrieden, wir finden es sehr nützlich und sind froh, es gebaut zu haben.

Alle Fotos: Wolfgang Putzinger

Das Walipini

Erwin Zachl

Das Wort „Walipini" stammt aus der bolivianisch-indigenen Aymara-Sprache und bedeutet „Platz der Wärme". Um eine möglichst lange Gemüseproduktion sicherzustellen werden in einem Walipini (Erdgewächshaus) die natürlichen Ressourcen bestmöglichst genutzt, d.h. die Wärme des Erdreichs und die Energie der Sonne. Entscheidend für die Funktionsfähigkeit eines Walipinis sind drei bauliche Faktoren, die sich aus den Ressourcen ergeben:

1. Das Walipini muss mindestens einen Meter tief in die Erde gegraben werden. Durch den flüssigen Erdkern erwärmt, hat der Boden in einer Tiefe von 1,2 Meter im Jahresmittel eine Temperatur bis zu 10°C. Diese Temperatur schwankt allerdings, entsprechend der klimatischen Verhältnisse an der Erdoberfläche. Ein gut gebautes Walipini kann aber auch in unseren Breiten im Winter Innentemperaturen über 0°C halten. Bei Außentemperaturen unter -15°C und Dauernebel hilft eine Minimalheizung mittels einer oder mehrerer Stumpenkerzen (Grablichter). Ein bewährtes, einfaches und ressourcenschonendes „Heizsystem" in dieser Form wird unten beschrieben.
2. Das Walipini benötigt nach Süden eine transparente, gut isolierende Dacheindeckung, deren Neigung dem durchschnittlichen Einstrahlwinkel der Wintersonne von November bis Februar angepaßt ist. Die tagsüber eingestrahlte Sonnenergie wird von der Erde und anderen Speichermassen aufgenommen und zeitverzögert wieder an das Gewächshausinnere abgegeben.
3. Außerdem ist eine gut wärmegedämmte und wärmespeichernde Nordwand wichtig

Das Walipini ist übrigens die Weiterentwicklung des „Pankar-Huyu", einer Art von Frühbeet, das bei den Hochland-Indianern Boliviens bis auf einer Höhe von mehr als 4000 m zu finden ist. In den Höhenlagen Boliviens ist Holz Mangelware und der kalte Wind macht den Freilandkulturen zudem schwer zu schaffen. Das

1
Ein Walipini im Salzburgerischen Pinzgau.

2
Schnitt durch ein Walipini (Erdgewächshaus).

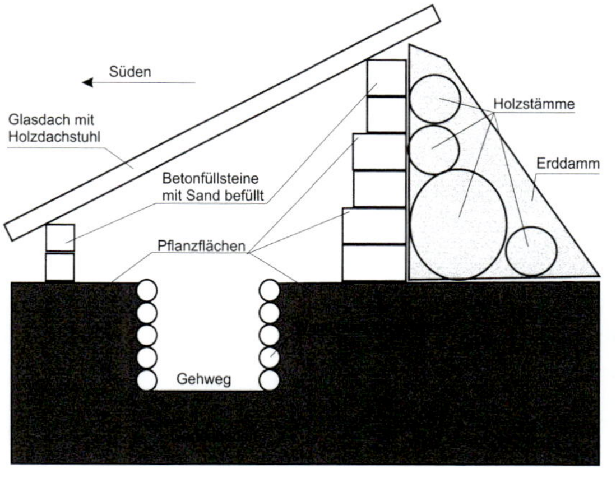

Prinzip des „Pankar Huyu“ ist einfach: Eine etwa 80 cm tiefe, ca 3 m lange und 1,3 m breites Grube wird ausgehoben, empfindliches Gemüse eingepflanzt und alles mit möglichst transparentem Kunststoff abgedeckt. Der Aushub lässt sich als Schutzdamm um die Grube herum verwenden, die obere 20 cm dicke Aushubschicht, der Humus, wird mit Kompost vermischt wieder in die Pflanzgrube eingebracht. Nach dem Bepflanzen wird die Erde gut angefeuchtet, was auch die Wärmeentwicklung (Rotte) der Stroh-Mist-Lage begünstigt.
Auf diese Weise kann mit ganz einfachen Mitteln die Wachstumsperiode der Pflanzen vorverlegt bzw. verlängert werden.

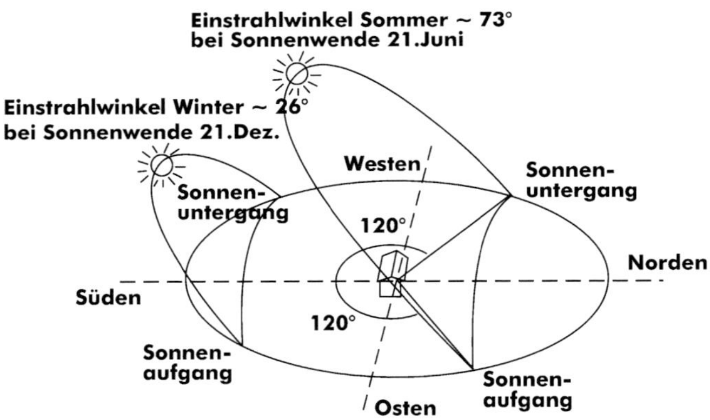

3 Verlauf der Sonne.

4 Einstrahlung im Sommer und im Winter.

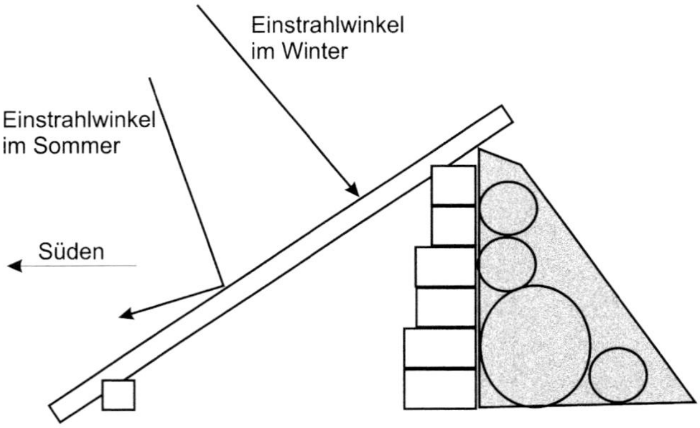

Sonneneinstrahlung im Winter

Abb.3 zeigt den Lauf der Sonne: Der hohe Bogen beschreibt ihren Verlauf im Sommer, also vom Aufgang bis Höchststand ungefähr 120° und Nachmittags bis zum Untergang ebenfalls etwa 120°. Der linke, niedrigere Bogen stellt den Verlauf der Wintersonne dar. Der Tagesverlauf beträgt insgesamt etwa 170°, von Sonnenaufgang bis Sonnenuntergang.
Der Einfallswinkel der Sonnenstrahlung ist im Winter deutlich flacher als im Sommer. Konkret zur Wintersonnenwende in Mitteleuropa beträgt dieser Winkel etwa 26°. Gegengerechnet bedeutet dies, dass, um ein senkrechtes Auftreffen der Sonnenenergie auf eine (schräge) Fläche zu erzielen, diese eine Neigung von 90° minus 26°, also 64° haben müsste. Das gilt aber nur für den 21. Dezember.

Neigung der transparenten Fläche

Um auch in den Monaten November bis Februar so gut wie möglich Sonne in das Walipini zu bringen, ist gemittelt eine Neigung der transparenten Fläche von mindestens 35 bis 45° wünschenswert. Je flacher die Neigung der transparente Fläche im Gelände ist, desto geringer ist die Sonneneinstrahlung außerhalb der Sommermonate und desto weniger Energie kann gespeichert werden. Im Sommer, wenn die Sonne hoch am Himmel steht, und die Einstrahlung oftmals zu reichlich ist, hat eine steilere transparente Fläche zudem den Vorteil, dass ein Teil der Sonnenenergie reflektiert und somit nicht im Gewächshaus wirksam wird.

Wärmespeicher im Walipini

Optimal ist, wenn ein Walipini mit der Nordseite in einen Hang einge-

baut werden kann, da sich hierdurch auf natürliche Weise eine gute Wärmedämmung und -speicherung ergibt.
Wird ein Walipini in der Ebene errichtet, kann an der sonnenbeschienenen Nordwand ein Erdwall angeschüttet werden, bzw es dienen im Inneren des Erdgewächshauses andere Materialien zur Wärmespeicherung wie z.B. eine massive Wand mit möglichst dunkler Oberfläche aus ungebrannten oder gebrannten Ziegeln. Auch eine sogenannte „Krainerwand“ (im Internet unter diesem Begriff zu finden) aus Fichtenästen und dunkler Gartenerde in das Gewächshaus integriert, vermag Wärme gut zu speichern und kann permanent bepflanzt werden. Des weiteren haben sich mit Wasser gefüllte 20 bis 30 l-Kanister als Wärmespeicher vor der Nordseite bewährt. Steine sind ebenfalls ein sehr guter Wärmespeicher, je dunkler, desto besser. Als Trockenmauer vor der Nordseite aufgeschichtet, können die Zwischenräume zudem dauerhaft bepflanzt werden.

Tiere als Wärmequelle: In Kombination mit einem zum Walipini offenen Stall können Schafe, Ziegen und Schweine den Wärmehaushalt im Gewächshaus vorteilhaft beeinflussen. Allerdings muss sichergestellt sein, dass der Stall im Winter zumindest nachts geschlossen und nicht ständig durchlüftet ist. Als Legende hat sich das „hühnerbeheizte“ Gewächshaus entpuppt. Wenigstens in mitteleuropäischen Breiten können Hühner nicht zur Beheizung eines Gewächshauses beitragen, denn ein Huhn liefert bestenfalls ca. 3 Watt an Energie. Um nun 150 Watt Leistung zu erzielen, die nötig sind, um etwa 10 m² Fläche bei den üblichen nächtlichen Außentemperaturen im Winter frostfrei zu halten, müsste man ganze 50 Hühner auf der gleichen Fläche (10 m²) unterbringen. Das entspräche eher einer Legebatterie! Umweltfreundlicher und oftmals ausreichend ist dagegen eine „Kerzen“-Heizung: Über Grablichter (auch möglich: Behälter abgebrannter Grablichter mit Wachsresten neu befüllen) wird eine unten offene 5 l-Blechdose gestülpt, die auf drei kleinen Fliesenresten ruht (Luftspalt für die Zuluft). Durch die oben auf dem Blechboden rundherum angebrachten Luftlöcher kann die erwärmte Luft entweichen. Eine solche „Kerzen-Heizung“ liefert für 10 m² Gewächshausfläche ausreichend Wärme, um es bei einer Außentemperatur von –10°C bis –15°C frostfrei zu halten.

5 Kerzen als Frostschutz.

Das Walipini von der Stange kann es nicht geben, soll es an die örtlichen Gegebenheiten angepasst sein. Da sich zu seinem Bau auch sehr gut Recyclingmaterialien und sowieso Holz, Steine, Glas, Acrylglas, alte Fenster oder Kunststofffolie einsetzen lassen, wird jedes Walipini seine indivuelle Note haben.
Nachfolgend werden 2 Walipinis vorgestellt, die in den letzten Jahren entstanden sind.

6
Südseite eines Walipinis mit angebauter offener Feldscheune.

Walipini im Stiftsgarten St.Georgen/Kärnten

Im Frühjahr 2006 bauten Permakultur-Kursteilnehmer im Stiftsgarten St. Georgen/Längsee ein Walipini (Abb. 7 und 8). Die Baugrube wurde 1 m tief und wegen der unterschiedlichen Beschaffenheit des Bodens – es befanden sich viele große Steine darin – in der gesamten Grundfläche des geplanten Gewächshauses (3,6 m x 5 m) mit einem Bagger ausgehoben. Das Aushubmaterial, bestehend aus lehmig durchsetztem, grobem Schotter wurde später rund um das Gewächshaus verwendet. Die Fundamente bzw. Mauern sind aus trocken aufgeschichteten Betonfüllsteinen unterschiedlicher Abmessungen errichtet, die mit gut verdichtetem Estrichsand ohne Zement gefüllt wurden. Das Gewicht der Steine und des Sandes sollte ausreichen, um auch starken Stürmen standzuhalten. Stampfer, mit denen der Sand in den Steinen verdichtet wurden, ließen sich schnell aus einem Stück Baumstamm und zwei alten Besenstielen basteln. Das Setzen der ersten Lage Füllsteine, exakt ausgerichtet mit Maßband, Wasser- und Schlauchwaage nahm viel Zeit in Anspruch (Abb. 9).

Je höher die Mauern wurden, desto mühsamer war es, die relativ großen Steine und auch noch die Eimer mit Sand anzuheben. Hilfreich war hier ein rasch errichtetes Baugerüst aus Paletten, auf denen die Betonsteine angeliefert wurden. Auf den Mauern errichteten wir die tragende Holzkonstruktion. Der Einbau der Stützwände aus Holzstangen im Gehbereich und das Auffüllen der Beete mit Pflanzenerde geschah parallel zum Aufbau der Mauern.
Im Anschluss konnte mit dem Aufstellen des Dachtragwerkes begonnen werden. Als Konstruktionsmaterial benutzten wir Lärche aus einem nahegelegenen Sägewerk. Nun erwies sich die penible Genauigkeit beim Nivellieren der Mauern als segensreich. Über die gesamte Länge von 5 m differierte die Sparrenneigung nur um 2 cm, was leicht ausgeglichen werden konnte.
Im letzten Bauabschnitt wurde die nicht tragende Speicherwand auf der Nordseite gemauert, der Eingangsbereich mit den Stufen fertiggestellt und über die geneigte Fläche eine provisorische Abdeckung aus Gitterfolie aufgebracht, da die als transparente Abdeckung vorgesehenen Dop-

7
Das Walipini im Stiftsgarten St. Georgen/Längsee, Österreich.

8
Rückseite des Walipini mit aufgestellten Entlüftungsöffnungen. Foto: Claudia Lorenz-Ladener

pelstegplatten erst einen Monat später geliefert werden konnten. In der Zwischenzeit begannen wir mit der Bepflanzung des Walipinis, was auch höchste Zeit war, denn es war nun Anfang Mai und die Tomaten warteten schon auf die Auspflanzung. Einige Monate später wurden noch die automatischen Belüftungsklappen (Paraffindruckheber, die ohne externe Energiezufuhr arbeiten) am Giebel montiert und damit war der Bau fertig. Die Füllung der Hebezylinder besteht aus Paraffin. Dieses dehnt sich bei Temperaturwechsel sehr stark aus, daher haben die Druckheber eine Hebekraft bis zu 50 kg. Insgesamt betrug die Arbeitszeit etwa 7 Tage, wobei durchschnittlich 2 bis 3 Personen am Bau beteiligt waren.
Das Walipini in St. Georgen wurde bis zu seinem Abbruch im Frühjahr 2010 sehr intensiv genutzt. Allerdings nicht im Hochwinter, da in dieser Jahreszeit kein Betrieb im Garten war. Die Belüftung war ausgezeichnet – d.h. durch die unteren Öffnungen drang ausreichend Frischluft in das Gewächshaus ein, die entlang des Daches nach oben strömte und durch die Lüftungsklappen wieder ins Freie entwich. Dadurch war auch im Hochsommer eine gut funktionierende Klimatisierung gegeben und das Arbeiten im Inneren durchaus erträglich. An der Nordseite war ursprünglich ein Erdwall vorgesehen, der aber letztlich nicht realisiert wurde. Tiefe Temperaturen konnten durch die bis zu 40 cm dicken Betonsteine (mit Sandfüllung) dennoch über weite Strecken kompensiert werden.
Mit Sicherheit hätte auch ein steileres Glasdach noch bessere Temperaturergebnisse geliefert. Der Neigungswinkel der verglasten Fläche bei diesem Walipini war ein Kompromiss, um einerseits die Gesamthöhe des Gewächshauses möglichst gering zu halten, andererseits, um eine sinnvolle Beetbreite zu gewährleisten.
Leider musste dieses Gewächshaus im Frühjahr 2010 abgetragen werden, weil der Permakulturgarten im Stiftsgarten aufgelöst wurde.

9
Die erste Lage Füllsteine wird gesetzt

10 Innenansicht Rohbau

11 Zugang zum Gewächshaus

12
Vorläufige Abdeckung aus gitterverstärkter PE-Folie

13
Die Dachneigung beträgt nur 30°, steiler wäre besser gewesen.

Walipini mit Hühnerstall

In Bramberg am Wildkogel (im salzburgischen Pinzgau) wurde 2009 ein Walipini auf einem Bauernhof errichtet (Abb. 14). Es sollte wegen der kurzen Wege nahe am Wohngebäude des Hofes erstellt werden. Geplant war, einen Hühnerstall in das Walipini zu integrieren, in dem bis zu fünfzig Hühner artgerechten Platz finden sollten. Die Maße: 7 m lang und 5,6 m breit. Das Gewächshaus sollte 2 durchgehende Hochbeete enthalten, je einen Meter breit und dazwischen einen 80 cm breiten Gehweg (Abb.15 und 16). Der Stall- und Arbeitsbereich sollte ebenfalls 2,80 m breit sein.

Ressourcen und Materialbeschaffung

Lärchenstämme für die Tragkonstruktion der Wände und des Stalldaches waren im eigenen Wald genügend vorhanden. Das Schnittholz für die Tragkonstruktion des Glasdaches musste zugekauft werden, ebenso Ziegelsteine, Mörtel und Beton für das Fundament. Für die transparente Abdeckung wurde zunächst auf Altglasscheiben von einem alten Schulhaus spekuliert. Später stellte sich heraus, dass diese Glasscheiben nicht verfügbar waren. Gedacht war auch, das Deckglas von ausgedienten Warmwasser-Sonnenkollektoren wiederzuverwenden. Auch diese waren letztendlich nicht zu bekommen. Deshalb wurde die Planung auf Mehrkammerstegplatten aus Acryl umgestellt, was die Kosten allerdings enorm in die Höhe trieb. Um so gut wie möglich Arbeitskosten einzusparen, wurde fast der gesamte Bau in Eigenarbeit von den Hofbesitzern erstellt, lediglich die Spenglerarbeiten hat ein Freund der Familie übernommen.

14
Walipini im salzburgerischen Pinzgau, 2009 errichtet.

Hans, der (Er)Bauer dieses doch ziemlich großen Walipinis, ein begnadeter Handwerker und Tüftler, war anfangs etwas skeptisch bezüglich der Bauweise. Nach und nach wurde es aber „sein" Bauwerk. Zu den Gesamtkosten und zur Arbeitszeit meinte er nur so viel: Würde er für Geschenke an Rosemarie (seine Frau, für die er das Walipini baute), Weihnachten,Geburtstag, Hochzeitstag, etc. jeweils 50 Euro ansetzen, so bräuchte er ihr in den nächsten 150 Jahre nichts mehr zu schenken ...
Die Holzstämme für die tragende Konstruktion wurden im Winter gefällt, die Fundamente gegraben, die Erde im Stall und Gewächshausbereich vollflächig ausgehoben und Zug um Zug alles erforderliche Baumaterial herangeschafft. Um die Stallkonstruktion zu bauen, waren Helfer erforderlich, da musste die gesamte Familie zum Arbeitseinsatz. Im Stallbereich wurde eine ca. 60 cm hohe Kiesschicht gegen Frost/Feuchtigkeit eingebracht, die Fundamente mit Betonfüllsteinen errichtet und mit Beton verfüllt, danach konnte mit dem Aufbau der Holzkonstruktion aus 25 cm dicken, entrindeten Lärchenstämmen begonnen werden.

Der Rohbau

40 Stämme, 2,8 m lang, wurden für die Nord- und Ostwand benötigt, für die Dachkonstruktion des Stalles nochmals 28 Stämme mit einer Länge von 3 m, sowie 5 Stämme als Stüt-

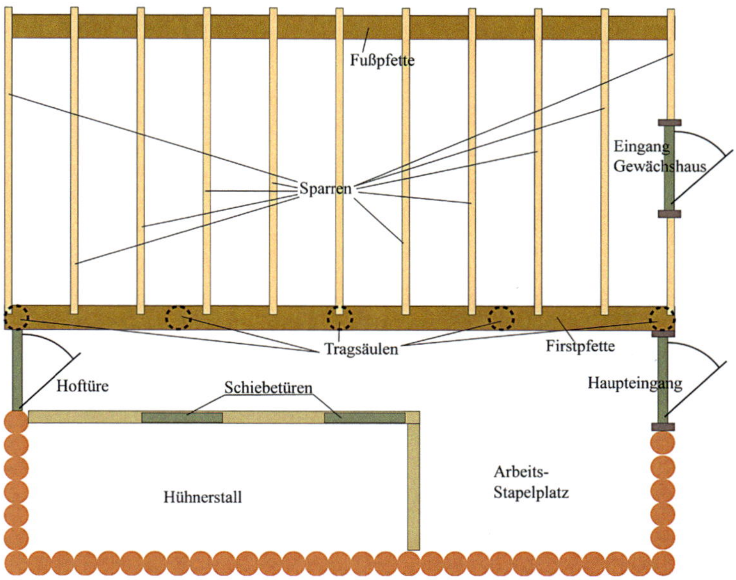

15 und 16
Grundriss und Schnitt von Westen.

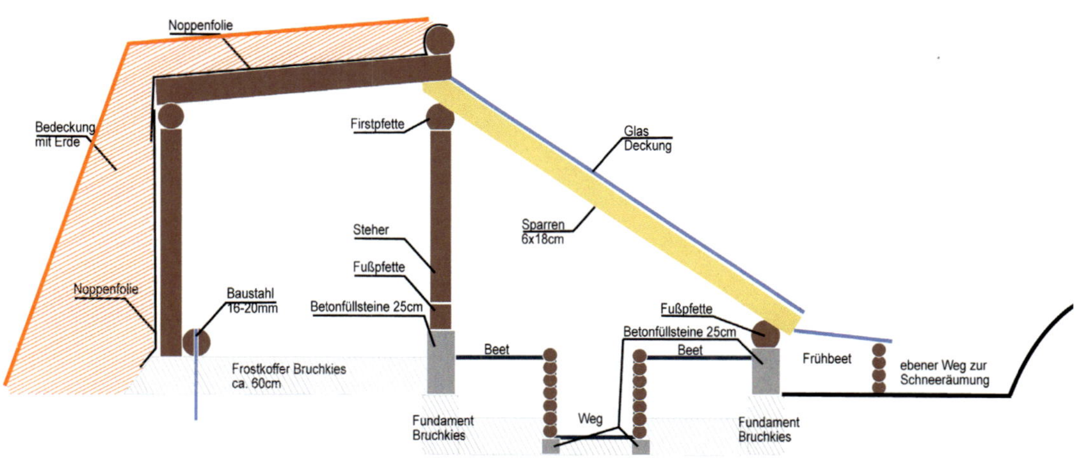

17 Tragkonstruktion aus Rundholzstämmen.

18 Stabile Dachkonstruktion, um die dicke Erdanschüttung tragen zu können.

19 Sparrenabstand 70 cm mit Auflager aus U-Profilen für die transparente Abdeckung.

zen für die Firstfette. Die Stämme wurden nacheinander aufgestellt, erst einmal mit Hilfstützen behelfsmäßig stabilisiert und dann eine Fußpfette davorgesetzt und mit Baustahl fixiert. Alternativ wäre es z.B. auch möglich, die Rundholzstämme unten z.B. in ein U-Profil aus 3 mm Stahlblech zu setzen und zu fixieren oder in ein T-Profil aus Stahl (dazu wird quer in das Hirnholz der Stämme ein Schnitt angebracht). Oben wurde über die Stämme eine Pfette aufgebracht und unverrückbar mit langen Nägeln fixiert. Die Ost- und Westwand wurden auf die gleiche Weise errichtet, jeweils mit Aussparungen für Türen. Nun ließen sich die 5 Mittelstützen aufrichten, die mit provisorischen Stützen fixiert wurden, so dass anschließend die Firstpfette (Kantholz 25 x 25 cm) sowie das übrige Dachtragwerk (Lärchenstämme, Durchmesser ~25 cm) montiert werden konnten. Dieser Arbeitsgang war wohl der anstrengendste und gefährlichste, da die Stämme auf Raumhöhe angehoben werden mussten. Schlussendlich war auch diese Arbeit erledigt. Der Rohbau des Stalles wurde gebührend bewundert.

Der nächste Schritt war der Aufbau des Dachstuhles für das Gewächshaus. Eine eher angenehme Arbeit, da die Sparren kein großes Gewicht hatten. Möglichst schmal sollten sie sein, um viel Licht herein zu lassen und trotzdem stark genug, um die Schneemassen tragen zu können, die im Pinzgau im Winter anfallen. Um dies zu berücksichtigen, wurden die Sparren aus 6 cm starken Bohlen 18 cm breit geschnitten und im Abstand von 70 cm angeordnet – schmal für eine gute Lichtausbeute im Gewächshaus und ausreichend stark für die Schneelast. Befestigt wurden die Sparren an der First- und Fußpfette (siehe Abb. 33) mit starken Eisenwinkeln. Der Winter im Pinzgau ist nicht zu unterschätzen!

Ein Sparrenabstand von 70 cm war ausreichend als Auflager für die Acrylstegplatten. Als Auflager quer zu den Sparren wurden statt Dachlatten U-Profile aus verzinktem, 1 mm dickem Eisenblech durch eine in die Sparren eingefräste Nut bündig mit diesen befestigt. Diese Profile sind nur drei Zentimeter breit, so dass durch sie kaum Lichtverlust entsteht. Trotzdem sind sie äußerst stabil und verrotten im Gegensatz zu Holzlatten nicht, die in dem relativ feuchten Klima im Gewächshaus schnell Schaden nehmen.

Für den Bau der Seitenwände des Gewächshauses wurde im Wesentlichen Restholz verwendet und die Rahmen mit Acrylglas ausgefacht. An der Ostseite wurde ein altes Holzdreh-/-kippfenster als zusätzliche Belüftung eingebaut (siehe unten). Als Eingang in das Gewächshaus dient eine gebrauchte Balkontüre, ebenfalls aus Holz.

Die Einfassung der Hochbeete ist aus Fichtenstangen gefertigt, die jeweils links und rechts mit U-förmig gebogenen Blechen miteinander verbunden sind. Um zu verhindern, dass die Hochbeeteinfassung durch den

20 Ostseite im Winter mit gebrauchter Balkontür als Eingang.

21 Hochbeete; der Gehbereich ist mit Hackschnitzel belegt.

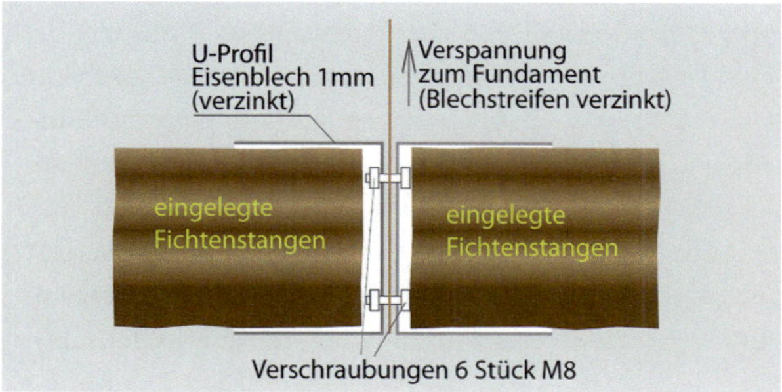

22 Detail Hochbeetumrandung.

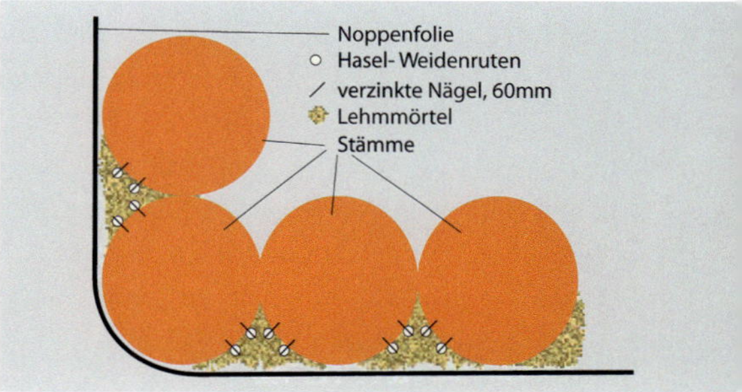

23 Detail: Holzstützen gegen Erdanschüttung.

24 Im Norden ist das Gewächshaus vollständig mit Erde bedeckt.

25 Frühbeet auf der Südseite.

26 Blecharbeiten am Dachfirst.

27
Arbeits- und Lagerplatz im Gewächshaus.

28
Abstellflächen für Anzuchtkisten.

29
Gehbereich zwischen Gewächshaus und Hühnerstall/Arbeitsplatz.

30
Im Hühnerstall.

Druck des Substrates in den Gang kippt, wurde an der oberen Verschraubung der U-Profil-Verbindung ein Blechstreifen eingefügt (Abb. 21 und 22), der zum Fundament hin gespannt und verschraubt wurde. Die Profilkombinationen wurden etwa 15 cm in den Kiesboden eingegraben. Nun konnten die 1 m hohen Hochbeete nach allen Regeln der Hochbeet-Baukunst befüllt werden. Danach, das Acrylglas war noch nicht angeliefert, wurde die Dachfläche provisorisch mit einer starken Agrarfolie (200 µm) gedeckt.

Erdanschüttung außen und Frühbeete

Das Dach des Stalles, seine Nord- und Ostseite, sowie ein Teil der Westseite sollten eine dicke Erdschicht als Wärmeschutz erhalten. Dazu konnte das zwischengelagerte Aushubmaterial genutzt werden. Zuerst wurde zwischen den aufgeständerten Holzstämmen mit Lehmmörtel ausgefugt. Zur besseren Haftung des Lehmmörtels wurden im Stoß längs der Stämme dünne (1-2 cm starke) Hasel- oder Weidenruten genagelt (Abb. 23) und danach mit magerem Lehmmörtel verfugt. Anschließend wurde zur Isolierung gegen Feuchtigkeit von außen Noppenfolie angebracht.
Die Erdanschüttung (Abb. 24) wurde nicht auf einmal, sondern in 30 cm dicken Schichten aufgebracht und jede Schicht gut verdichtet, um zu verhindern, dass sich die Erde später zu sehr setzt, was nachträgliche Aufschüttungen erfordern würde. Oben an den Wänden sollte die Dicke des Erdreiches nicht weniger als 60 cm betragen. Das Dach selbst wurde

mit einer mindestens 40 cm dicken Schicht Erde bedeckt. Auf diese Weise entstand zudem ein wunderbarer Schlittenhang für kleinere Kinder. Mit der Zeit begrünt sich die Erdanschüttung von selbst und integriert das Walipini so harmonisch in die Landschaft, dass es von der Ferne nicht als solches erkennbar ist. Im Eingangsbereich des Stalles und auch auf der Ostseite zum Hühnerhof hin ist die Erdanschüttung immer flacher werdend modelliert und wird durch große Natursteine begrenzt. Diese bilden einen guten Windschutz für einen Freiluft-Arbeitsplatz und sind reichlich mit Steingartenpflanzen bewachsen.
Auf der Südseite wurde vor dem Betonsockel über die gesamte Länge des Gewächshauses ein 1 m breites Frühbeet angelegt, das ebenfalls mit Stegplatten aus Acryl transparent abgedeckt ist (Abb. 25). Dadurch ergibt sich ein doppelter Nutzen: Einerseits bildet das Frühbeet – gebaut mit dünnen Fichtenstangen aus dem eigenen Wald – eine gut wärmedämmende Schicht im Sockelbereich, andererseits entstand preiswert eine zusätzliche Beetfläche mit Saisonverlängerungseffekt.
Als letzte Baumaßnahme wurde die Agrarfolie durch das Acrylglas ersetzt. Der Freund der Familie führte diese Arbeit sehr professionell und elegant aus, besonders die Blecharbeiten auf dem First und an den Seiten sind gut gelungen (Abb. 26). Alle Acrylplatten lassen sich, im Falle eines Schadens, z.B. Hagel, einfach und schnell austauschen.

Innenausbau

Gleich neben dem Haupteingang auf der Westseite befindet sich der helle Arbeits- und Stapelplatz im Walipini inklusive Stromversorgung, Wasseranschluss und Werkzeugablage (Abb. 27 und 28). Zum Gewächshaus hin gibt es großzügige Abstellflächen für Anzuchtkisten und Töpfe. Sowohl der Arbeitsplatz- als auch der Stallbereich sind sehr gut belichtet.
Die Abb. 29 und 30 zeigen den Stallbereich mit der Hühnervoliere im Hintergrund. Die Hühner haben ihren Ausgang auf der Ostseite des Walipinis, zum Hühnerhof hin. Zwischen Stall und Gewächshaus gibt es einen großzügigen Gang, der sowohl Zugang zu den Hühnern, als auch das Arbeiten an großen Pflanzen im

31
Höhe der Tomatenpflanzen 3,5 m!

32
Belüftungsklappen im Sockelbereich.

Gewächshausbereich ermöglicht. Anfangs war der integrierte Hühnerstall nur mit einem einfachen Maschengitter vom Gewächshaus abgetrennt. Nach sehr kurzer Zeit hat sich jedoch herausgestellt, dass die Hühner Unmengen an Staub aufwirbelten, der zudem noch stark mit ihren Fäkalien kontaminiert war. Arbeiten im Gewächshaus war nicht möglich. Eine außerdem zu erwartende ständige Staubablagerung auf den Pflanzen hätte noch dazu deren Wachstum behindert. Aus diesem Grund wurde sehr rasch das Drahtgitter gegen Glasscheiben ausgetauscht. Seither kann im Walipini problemlos gearbeitet werden, es gibt fast keine Staubbelastung. Auch durch das dünne Glas hindurch erhalten die Hühner noch eine gehörige Portion von der in das Gewächshaus eintreffende Sonneneinstrahlung im Winter, so dass der Stall ziemlich gut über weite Strecken frostfrei gehalten werden kann. An einigen Tagen jedoch muss als Notlösung hin und wieder ein elektrischer Heizlüfter eingesetzt werden.

Der Gehbereich im Gewächshaus ist mit dick Hackschnitzel belegt – was sehr angenehm weich auch beim Barfussgehen ist. Die Hackschnitzel werden mit der Zeit durch das Begehen sehr stark fragmentiert und beginnen schnell zu verrotten. Von Zeit zu Zeit werden diese angerotteten Holzschnitzel direkt auf die Hochbeete geschaufelt, wo sie als ausgezeichneter Mulch dienen. Rosemarie, die Bäuerin, kann an den Hochbeeten rückenschonend arbeiten und erreicht jeden Bereich der Beete, ohne sich allzusehr anzustrengen - nur zur Tomatenernte benötigt auch sie eine Leiter.

Durch die 45° Neigung der transparenten Fläche beträgt die Höhe von der Hochbeetoberkante bis zum First fast 3 Meter und im Sockelbereich gerade noch etwa 40 cm. Im Sockelbereich befinden sich auch die Belüftungsklappen für die Zuluft (Abb. 32). Die meisten Gewächshäuser von der Stange haben eine viel zu geringe Höhe und werden oftmals zu dicht bepflanzt, so dass leicht Probleme durch mangelnde Be- und Entlüftung entstehen. Eine ausreichende Belichtung und Belüftung sind der beste Garant gegen Schimmelbildung am Gewächshaus selbst, aber auch an den Pflanzen. Der 45° Neigungswinkel der transparenten Fläche lässt nicht nur eine gute Durchlüftung zu, sondern gewährleistet auch eine ausgezeichnete Ausnutzung des einfallenden Lichtes, indem die Pflanzen,

33
Der Neigungswinkel der transparenten Fläche beträgt 45°.

34
Das Gewächshaus im Winter.

je nach Größenwachstum, hintereinander gestaffelt angebaut werden können.

Be- und Entlüftung

Die Be- und Entlüftung eines Walipinis ist von Frühjahr bis Herbst von großer Bedeutung. Die Erfahrung aus dem Bau einiger Walipinis hat gezeigt, dass eine dauernde Belüftung durch einen kontinuierlichen Luftstrom mit Zuluftöffnungen im Bereich der Fußpfette und Abluftöffnungen oben an der Firstpfette ein gutes Raumklima ermöglicht (Abb. 35). Selbst im Hochsommer ist das Arbeiten im gut belüfteten Walipini angenehm. Die Temperaturen sind innen nur unwesentlich höher als im Freien.
Eine sehr einfache Lösung besteht darin, den konstruktionsbedingt sich ergebenden Luftraum zwischen den einzelnen Sparren oberhalb Fußpfette und transparenter Abdeckung nicht dicht zu verbauen, sondern mit Brettern auszufachen, die sich mit Klappscharnieren einfach öffnen lassen. Diese Lüftungsklappen werden im Winter zusätzlich mit Strohsäcken gedämmt.
Auch entlang der Firstpfette sind großzügige Entlüftungsöffnungen über die gesamte Länge des Gewächshauses angebracht Die Klappen am First werden automatisch bei höherer Temperatur mittels Klappenöffner geöffnet, die mit Paraffin als Druckmedium im Hebezylinder funktionieren und bei Temperaturabfall wieder selbsttätig schließen. Kühle Luft dringt am Fuß des Gewächshauses ein, streicht entlang der transparenten Abdeckung nach oben und erwärmt sich dabei. Die Warmluft entweicht oben am First wieder. Zusätzlich kann auch quergelüftet werden, indem die Eingangstüre und das Fenster an der Ostseite geöffnet werden.

Fazit

Die Bauersleute vom Schützingergut in Bramberg am Wildkogel sind Alles in Allem sehr zufrieden mit ihrem neuen Walipini. Es ist tatsächlich ein „Platz der Wärme". Einige wenige Verbesserungen sollen in nächster Zeit noch angegangen werden. War es für den Bauherrn am Anfang ein reiner Zweckbau, so hat er im Laufe der Bauarbeiten eine große Detailverliebtheit entwickelt. Beschläge, Türöffner, Mäuerchen – alles ist durchdacht. Wie viele liebenswerte Details in diesem Walipini stecken, ist auch am Vordach zu erkennen, das mit uralten, auf dem Dachboden gefundenen Schindeln gedeckt ist, am Wetterhahn, der den First bewacht und an Vielem mehr. Und Rosemarie, die Bäuerin? Sie ist glücklich über diesen luxuriösen Arbeitsplatz. Besucher sind begeistert über das gelungene Meisterwerk und die Kinder freuen sich über eigene Tomaten, die ansonsten in dieser Weltgegend eher mickrig geraten ...

Übrigens

Das Walipini im Pinzgau kann auch besucht werden. Bitte unbedingt vorher anmelden:
Emailadresse von Rosemarie Möschl:
biohof-schuetzingergut@sbg.at

Das Walipini-Konzept wurde von Erwin Zachl, diplomierter Permakulturgestalter und Permakulturlehrer, erstellt. Seine Emailadresse:
permakultur@bio-ernteland.at
Webseite: www.bio-ernteland.at

Abbildungen: Erwin Zachl

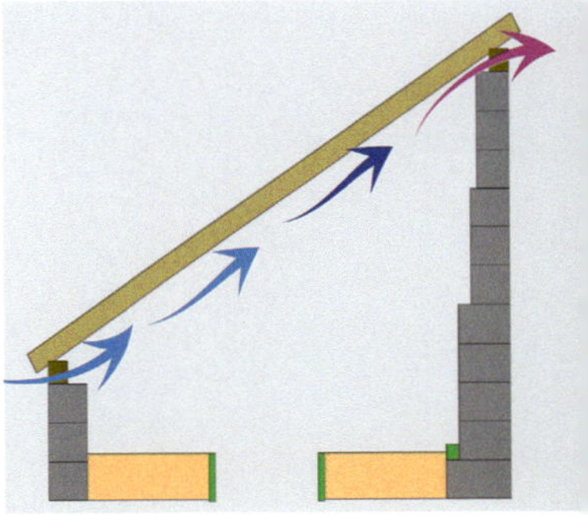

35
Schema der Be- und Entlüftung.

Großes Permakultur-Gewächshaus in Norwegen

Autor: Jochen Koller im Dialog mit Herwig Pommeresche

Bio-Landwirtschaft ist in Norwegen mit 5% Anbaufläche kaum vertreten, der Umsatz beträgt nur 1%. Die Selbstorganisation ist bei 4,7 Millionen Menschen schwierig, die sehr verstreut in diesem Land mit über 2500 km Westmeerküste leben.
Herwig Pommeresche wohnt im Südwesten nahe der Stadt Stavanger und hat als Architekt und Permakultur-Urgestein zusammen mit dem Bauherrn Ingvald Erwa das nachfolgend beschriebene Gewächshaus geplant. Der nächste Naturkostladen liegt 50 km entfernt, Bio-Ware findet nur ganz langsam Eingang in die Supermärkte. Es war vorgesehen, dass das 2003 gebaute, 280 m² große Gewächshaus nicht nur zur Selbstversorgung von Bauherr Ingvald Erga, seiner Familie und Freunden dienen sollte, sondern auch als Unterstützung für den Naturkostladen, dessen Produkte zu einem großen Teil noch aus dem Ausland stammen.
Ingvald Erga ist Bauer, Permakulturist, Landschaftsplaner und Ökologe. Er lebt in der Provinz Jaeren nah am Meer und bewirtschaftet einen kleinen Familienhof mit 7 Hektar Land. Auf seinem Gelände befindet sich auch ein Strohlehmhaus, das vor allem als Seminarort (u.a. für Permakultur-Seminare) dient. Ingvald Erga unterrichtet Groß und Klein in Selbstversorgung und friedfertigem Zusammenleben.
Sowohl Herwig Pommeresche als auch Ingvald Erga sind wichtige Personen der norwegischen Permakul-

2
Grundriss, Schnitt- und Ansichtsskizze des 280 m² großen Gewächshauses.

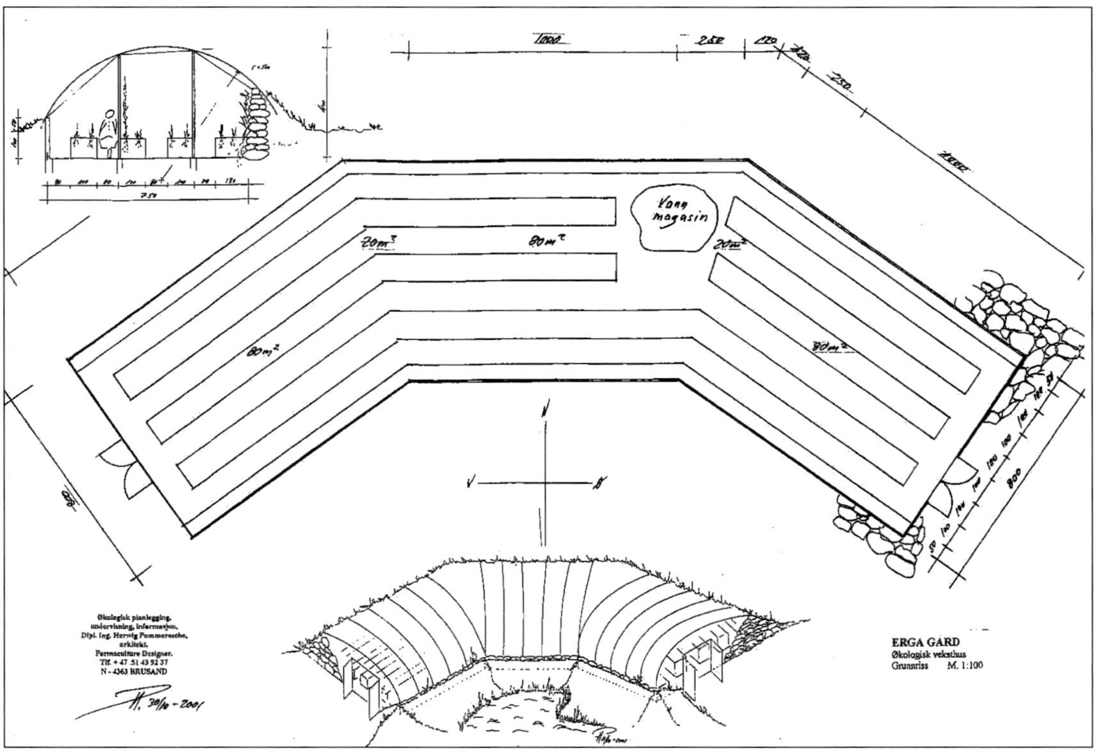

tur-Bewegung, die aber derzeit erst aus hundert Mitgliedern besteht.

Bei der Planung und dem Bau des Gewächshauses wurde gemäß den Leitlinien der Permakultur gehandelt:

1. Energie sammeln und speichern
Die norwegische Provinz Jaeren ist geprägt von starken Niederschlägen und bestand vor der Urbarmachung aus sumpfig-felsiger Moränen-Landschaft. Ziel war, möglichst viel Sonnenenergie zu nutzen, die in diesen regnerischen Breiten jahreszeitlich sehr unterschiedlich vorhanden ist (im Sommer bis zu 18 Stunden, im Winter aber nur maximal 6 Stunden). Denn das Gewächshaus sollte ohne zusätzliche Heizung bewirtschaftet werden können.

Dem Gewächshaus ist auf der Südseite ein Teich vorgelagert, der zur Bewässerung der Pflanzen beiträgt und darüber hinaus Sonnenlicht in das Gewächshaus reflektiert. Im Gewächshaus selbst befindet sich ein weiterer kleinerer Teich, der als Feuchtbiotop für Molche dient (Ingvald ist Aquarianer). Das Gewächshaus wird auf der Nordseite durch eine Findlings-Steinmauer mit über 2 m Höhe und 50 m Länge begrenzt, die auch zur Wärmespeicherung dient. Darüber hinaus trägt auch das verbaute Holz und die Erdmasse der Hochbeete ein wenig zur Speichermasse bei.
Architektonisch bildet das Gewächshaus eine leichte U-Form (siehe Abb. 2). Dadurch und durch den vorgelagerten Teich entsteht ein günstiges

3
Blick in das fertige Gewächshaus mit Teich.

Mikroklima, indem kalte Winde abgewiesen und die Wärme der Sonne besser bewahrt werden können. Durch die Bogenform des Daches wird ein gutes Volumen-/Oberflächenverhältnis geschaffen, nämlich ein großer nutzbarer Innenraum bei kleiner äußerer Oberfläche, was für die Wärmeverluste des Gewächshauses von Bedeutung ist.
Die Gebäudeform, ein Sandwall an der Südseite, die ausladende Steinmauer auf der Nordseite und die Ost- und Westwände, die dem Wind wenig Angriffspunkte bieten, tragen dazu bei, dass das Gewächshaus vor den kalten und harten Winden recht gut geschützt ist.

2. Vorhandenes Material verwenden

Die großen Findlinge mussten nicht von weit her transportiert werden, sondern stammen von den eigenen Flächen und von noch nicht kultivierten Weideflächen in der Umgebung. Früher wurden die mächtigen Steine mit dreibeinigen Flaschenzügen, an denen eine Greifzange befestigt war, hochgehoben und dann auf Schlitten abtransportiert oder vor Ort für den Bau von Weidemauern bzw. zum Hausbau verwendet. Heute wird der Transport mit Hilfe eines Baggers erledigt.

3. Gebrauchte Materialien wiederverwenden (Re-use)

Zur Wärmedämmung der Fundamente wurden diese außen mit einer Schicht Schaumglaspellets (ähnlich Leca) aus recyceltem Glas (*Hasopor*) versehen. Dieses Schaumglasgranulat ist feuchtigkeitsunempfindlich und hat einen sehr guten Dämm-

4
Die Nordwand aus mächtigen Findlingen wird errichtet, die Lüftungsrohre aus Betonringen werden mit eingebaut.

5
Die ersten Hochbeete stehen schon.

6
Hochbeete vor dem Steinwall sowie Bauherr Ingvar Erga mit Nachwuchs; bald wächst schon zartes Grün in den Hochbeeten.

7
Der Erdwall auf der Südseite ist angeschüttet. Nun wird die Holzkonstruktion errichtet, der erste Bogenbinder ist eingebaut.

8 Herstellung der Bogenbinder in der eigenen Werkstatt.

9 Bogenbinder mit vorgefertigter Auflage für die transparente Abdeckung.

10 Maßarbeit: Befestigen der Bogenbinder an der Bodenschwelle.

11 Der Teich ist angelegt und eine Teil des Gewächshauses mit Polykarbonatplatten (16 mm Doppelstegplatte) überdacht.

12 Die Bauschaffenden, drei Generationen, machen Pause!

13 und 14
... wie gut dass es Traktoren gibt – Die Bogenbinder und Polykarbonatplatten haben einiges an Gewicht.

wert (0,2 W/m²K). Alternativ dazu hätte auch eine Dämmschüttung aus Muschelschalen zum Einsatz kommen können, ein in Dänemark beim Strohballenbau erprobtes Material.

4. Jedes Element erfüllt mehrere Funktionen – jede Funktion wird von mehreren Elementen getragen

Dieses Gewächshaus dient zur Selbst- und Fremdversorgung, ist Lernort für Kurse und schafft Lebensraum für Amphibien und die Besitzer (Nutzung als Wintergarten). Mit etwas Phantasie ist auch denkbar, darin noch ein kleines Wohnhaus unterzubringen.

5. Wenig Energie verbrauchen

Durch die Gebäudekonzeption und seine Bewirtschaftung als Kalthaus ist der Energieverbrauch im Vergleich zu einem konventionellen Gewächshaus verschwindend klein! Die Anzucht der Tomatenpflanzen beginnt im Januar/Februar in einem mit Strohballen gedämmten Raum im Stall bei Kunstlicht, das im Norden wegen der kurzen Sonnenzeiten im Winter/Frühjahr notwendig ist.

6. Vielfalt als Prinzip

Wenn auch ein Schwerpunkt im Gewächshaus der Anbau von Tomaten ist, gibt es doch auch eine Vielzahl anderer Pflanzen darin wie Kohl, Zucchini, Weintrauben, Nektarinen, Melonen, Kürbis, Brombeeren u.v.m.

15 *oben rechts* Lastabtragender Querträger in der Mitte.

16 Das Gewächshaus ist tief in das Gelände eingebettet, um Wärmeverluste durch die für diese Gegend typischen kalten Winde zu vermindern.

17 Die Ostseite, zum Teil auch mit Erdwall versehen.

18 Der südliche Bereich vor dem Gewächshaus ist abgesenkt, der Teich trägt zur Bewässserung der Gewächshauspflanzen bei. Noch sieht alles kahl aus ...

19 ... aber nur für kurze Zeit.

20
Bewässerung und Rankhilfen sind eingebaut.

21
Grünes Leben im Gewächshaus.

22
Mischkultur.

23
Tomaten, Trauben, Kapuzinerkresse ...

7. Dimensionierung in Raum, Zeit und Beziehungen

Die Höhen werden im Gewächshaus zum Anbau von Weintrauben, Brombeeren, Nektarinen u.v.m. genutzt. Die hochrankenden Pflanzen helfen teilweise auch mit, das Gewächshaus im Hochsommer zu schattieren. Die Auspflanzung der Tomaten in das Gewächshaus beginnt im März, wenn die Außentemperaturen noch permanent im Minusbereich liegen. Sie werden an der wärmsten Stelle im Gewächshaus, d.h. im Bereich der hinteren Steinwand eingepflanzt. Die Tomatenpflanzen haben sich immer gut gehalten, die nächtlichen Innentemperaturen sind nie unter 6° Celsius gefallen. Geerntet wird ab Mitte Juni bis Ende September. Es wird nicht erwartet, dass ein Ertrag erwirtschaftet wird, wie er in konventionellen Gewächshäusern üblich ist. Dieses Gewächshaus ist in größeren ökologischen Zusammenhängen zu sehen, deshalb beträgt die Tomatenernte hier etwa 15 kg/m^2.

8. Biologische Mitarbeiter vor fossiler Energie

Im Gewächshaus steckt natürlich auch fossile Energie, die zur Herstellung der Baumaterialien wie z.B. den 16 mm starken Polykarbonat-Platten für die transparente Abdeckung oder für die Herstellung der eingesetzten Werkzeuge (Bagger etc.) notwendig war. Trotzdem wurde und wird immer versucht, Materialien und Verfahren zu benutzen, die möglichst

24 ... Sonnenblumen.

25 Katze und Gemüse.

26 Artischocken.

27 und 28
Die Weintrauben haben gute Wachstumsbedingungen und tragen im Sommer zur Verschattung bei.

29
An der Bodenschwelle, die auf Betonsteinen aufgelegt ist, gibt es immer mal wieder Probleme mit Feuchtigkeit.

30
Neuanpflanzung Möhren.

31
Architekt und Humussphären-Denker Herwig Pommeresche

32
Mulchen und Bewässern – zwei wichtige Maßnahmen für gesunde Pflanzen.

biologischer Natur sind. So entstand beispielsweise die Teichabdichtung, indem Grasschnitt abgedeckt wurde, verrottete und sich so eine Art Faulschlamm bildete. Die Teiche im und vor dem Gewächshaus dienen Amphibien wie Fröschen und Molchen als Lebensraum. Diese Tiere waren in der ursprünglichen Landschaft in riesigen Mengen vorhanden, sind heute aber durch die intensive Landwirtschaft fast völlig vertrieben worden.

Für die Tragkonstruktion des Gewächshauses hat Ingvald Erga alle bogenförmigen Leimbinder-Hölzer im Winter in der Werkstatt selbst angefertigt. Das hat auch Einiges an Geld gespart.

Als biologische Mitarbeiter sind auch die Menschen zu nennen: Die Eltern, Großmutter und die heute sechsköpfige Familie von Ingvar Erga bewirtschaften das 7 Hektar große Gelände gemeinsam.

Wenn man erfährt, wie Tomaten üblicherweise in Norwegen produziert werden, mit maßloser Energie, mit Spritzmitteln, Kunstdünger und sozialen Problemen der "Gast"-Arbeiter, die oft in Containern neben den Gewächshäusern leben, ist es nicht übertrieben, dieses Gewächshaus als Oase zu bezeichnen. Es stellt eine Oase dar, die allen Lebewesen zugute kommt, sei es den Menschen, den Amphibien oder den Bodenlebewesen, die u.a. mit dem Gras-Mulch der Wege zwischen den Hochbeeten gefüttert werden. Gedüngt bzw. mit Leben versorgt werden die Hochbeete mit biologisch-dynamischem Kompost, reichlich Mulchmaterial aus der Heckenbepflanzung rund um die 7 Hektar und etwas zugekauftem Hühnermist.

9. Einfache Lösungen wählen

Die Be- und Entlüftung des Gewächshauses ist ungewöhnlich: Verwendet wurden einfache Betonringe, die dazugehörigen Holzdeckel stammen ebenfalls aus Ingvald Erga's Werkstatt. Geöffnet und geschlossen werden die Lüftungsöffnungen über ein einfaches Gestänge, entweder mit Hilfe eines kleinen Elektromotors oder manuell. Die Beete werden mit Wasser über eine Tröpfchenbewässerung versorgt.

Schlussbemerkung

Die Kosten für das Gewächshaus beliefen sich 2003 auf umgerechnet etwa 130 Euro/m² Fläche. Probleme gibt es immer mal wieder mit der

hohen Feuchtigkeit, die auch in die Bodenschwellen der Konstruktion eindringt. Die trockene Luft im Winter hilft zwar, die Feuchtigkeit durch gezieltes Lüften etwas herabzusetzen, dennoch ist nicht ausgeschlossen, dass die Lebendauer des Gewächshauses verkürzt ist. Geht man aber davon aus, dass auch die Lebensdauer konventioneller Gewächshäuser bei etwa 20 Jahren liegt, so wird dieses Alter sicherlich erreicht werden können.
Derzeit ist eine Umwandlung des Hofes in eine Öko-Siedlung geplant.

Weitere Auskünfte über das Gewächshaus geben Herwig Pommeresche und Jochen Koller (auf Deutsch) und Ingvald Erga (auf Englisch):
Dipl.Ing Herwig Pommeresche, Tel.: 0047-51439237, N-4363 Brusand/Norwegen. Email: herwig.pommeresche@c2i.net
Ingvald Erga, Tel.: 0047-23109550, N-4006 Stavanger/Norwegen
Jochen Koller, Tel.: 08321-7808960, D-87527 Sonthofen. Email:info@permakultur-Koller.de

33
Die Lüftungsöffnungen lassen sich über ein einfaches Gestänge manuell bzw.mit Hilfe eines kleinen Elektromotors bedienen.

34 „Ausblicke".

35
Vor den Lüftungsklappen Nektarinengehölz mit Früchten.

36
Reiche Ernte aus dem Gewächshaus.

Fotos:
Abb. 15, 17, 21, 28, 29, 31 und 35 Jochen Koller
Alle übrigen Fotos stammen von Herwig Pommeresche

Prototyp Solargewächshaus

Peter Latz

Professor Peter Latz lehrte Landschaftsarchitektur u.a. an der Gesamthochschule Kassel und der Technischen Universität München in Weihenstephan. Das nachfolgend beschriebene Solargewächshaus wurde 1981 als Prototyp eines Selbstbau-Systems im Garten der Familie Latz in Kassel errichtet und 7 Jahre – bis zum Wegzug der Familie – zur Selbstversorgung mit Gemüse genutzt. cll

Der Anbau von Gemüse und Obst ist im rauen Klima der deutschen Mittelgebirge auf wenige Monate beschränkt. Die Reife ist vielfach unsicher, das ersehnte Gemüse muss lange lagern und verliert so an Qualität; frostharte Arten gibt es nur wenige. Die Selbstversorgergärten sind also nur beschränkt produktionsfähig.
Mit Frühbeeten und Gewächshäusern versuchen deshalb schon seit jeher Hobbygärtner wie Unternehmer, den Frühling vorzuverlegen und den Herbst zu verlängern – oder gar mit Heizung und Beleuchtung den Winter zu umgehen.
Mein Ziel war, durch architektonische Maßnahmen ohne den Einsatz fossiler Energie die Vegetationsperiode zu verlängern und für die Gemüseproduktion, die frühe Anzucht sowie Überwinterung empfindlicher Pflanzenkulturen einen kleinen, freistehenden Gewächshaustyp zu konzipieren, der für den Bedarf einer vierköpfigen Familie gerade ausreicht.
Die relativ kleine Grundfläche des in unserem Hausgarten gebauten Prototyps (4,80 m x 3,60 m) des Solargewächshauses stand in Zusammenhang mit einem Blumen- und Gemüsegarten, dessen Tiefkulturbeete mit einer Fläche von 12,5 m² pro Person im 5-Jahres-Zyklus intensiv bewirtschaftet wurden. Für Gemüse und Kräuter lässt sich so eine Vollversorgung – das heisst jeden Tag mindestens eine Gemüsemahlzeit – erreichen. 250 m² maß die Gesamtfläche mit Beerenobst, Heil- und Küchenkräutern, Wegen, Erdplatz, Kompost und großen Blumenrabatten.
Das Gewächshaus wurde entsprechend den Prinzipien der direkten Sonnenenergienutzung für die Übergangsmonate bautechnisch angepasst. Die architektonischen Maßnahmen:

- Die Dachneigung des Gewächshauses (45°) war so gewählt, dass sie den umliegenden Gebäuden anpasst war und die Sonneneinstrahlung in der Übergangszeit optimal genutzt werden konnte.

1 *(linke Seite)*
Gewächshaus im Selbstversorgergarten.

2 *(oben)*
Viel Platz für Kübelpflanzen.

3 *(unten)*
vorne: Das Solargewächshaus
hinten: Wohnhaus mit zweigeschossigem Wohngewächshaus.

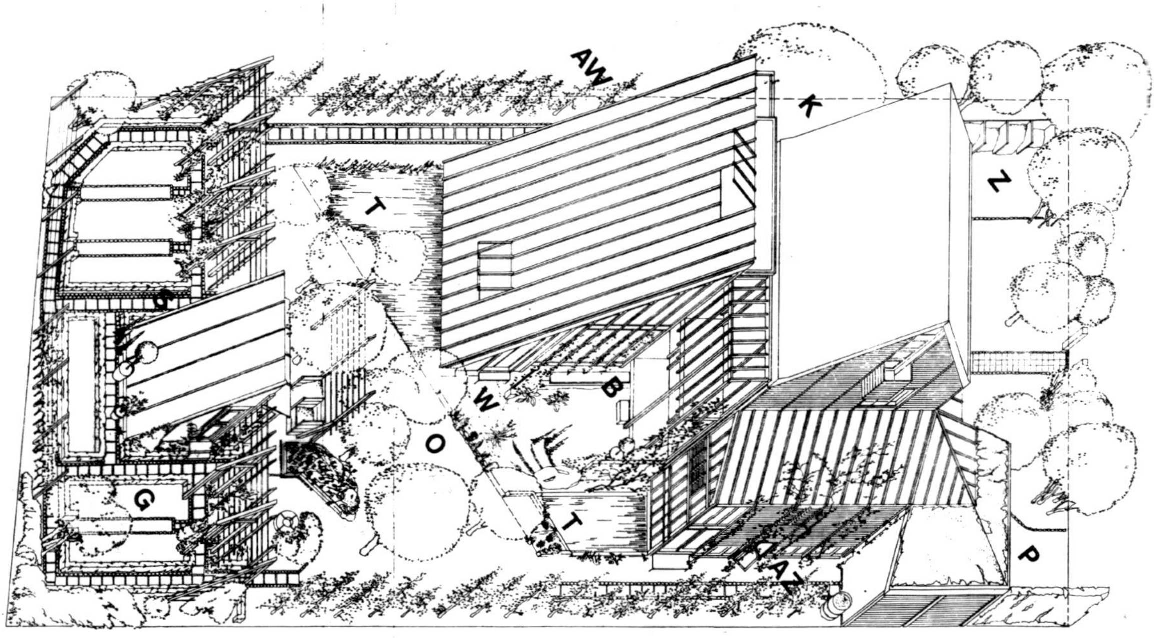

4 Isometrie von Südosten mit räumlicher Abfolge des Grundstücks, M : 100.

K Kernhaus, Altbau als große, träge Speichermasse, außen gedämmt durch eine neue Leichthülle und Anbauten
Z Versorgungszufuhr mit Erdsilos und Holzplatz
P Einstellplätze mit begrüntem Dach
A Leichtanbauten mit hochwärmegedämmter Außenhülle und Energiegewinnflächen
AW Wohngewächshaus mit Zwischentemperaturbereich
AZ Atelieranbau mit Zwischentemperaturbereich
B Balkone
T biologischer Teich und Klärsystem, Wasserspeicher
W Wohngarten
O Obstgarten
G Gemüsegarten mit Solargewächshaus, Tiefkulturbeeten und Spaliergang

1 Gewächshaus
2 Kompostsilos
3 Erdplatz
4 Tiefkulturbeete
5 Dauergemüse
6 Beerenspaliere
7 Obstspalier
8 Blumen
9 Regenwasserzisterne

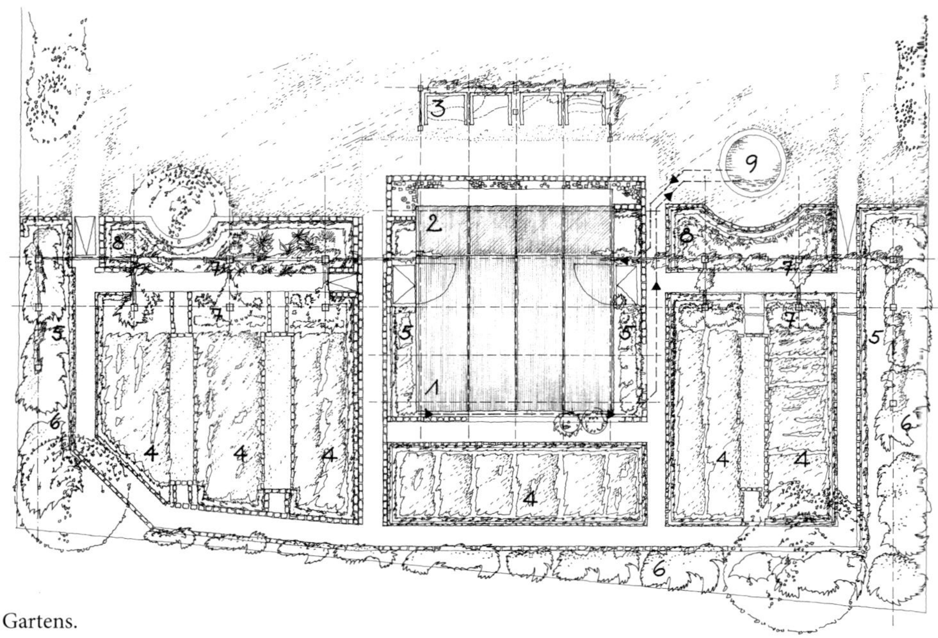

5 Grundriss des Gartens.

- Mehrere bauliche Elemente verringerten die Wärmeabgabe, verbesserten die Umwandlung der Einstrahlung und speicherten überschüssige Wärme für die Nacht. Zunächst einmal wirkten die oberen Schichten der Erdbeete als Speicher. An einer 24 cm dicken Basaltmauer (Wärmespeicherfähigkeit 0,63 kWh/m^2 K) im Gewächshaus wurden die kurzwelligen Strahlen in langwellige Wärmestrahlen umgewandelt und im Mauerwerk gespeichert.
- An der Rückseite des Gewächshauses wirkte die Biomasse der Kompostsilos als zusätzliche Wärmedämmung. Zugleich wurden biologische Prozesswärme und Kohlendioxid über Lüftungsklappen an das Gewächshaus abgegeben.
- Die Konzeption des Gewächshauses beinhaltete auch, dass optional ein weiteres, allerdings recht teures, halbaktives System zur besseren Wärmeausnutzung eingesetzt werden konnte (Abb. 7). Dabei sollte eine Pumpe aus einer Leitungsspirale mittels Wasser Wärme aus der überwärmten Dachspitze des Gewächshauses in einen mit Basaltmehl und Basaltgrus gefüllten Bodenspeicher wälzen. Das Wasser konnte auch in die Unterschichten der Beete und Bodenbeläge geleitet werden oder einfach nur Gießwasser erwärmen. Dieses zusätzliche System benötigte allerdings externe Energie und war wartungsaufwendig. Die Produktionszeit des Kalthauses ließ sich dadurch auf ca. 10 Monate verlängern; in der übrigen Zeit konnten leichten Frost vertragende Pflanzen noch darin existieren.

Die Gewächshauskonstruktion im Einzelnen:

Fundament

Die Punktfundamente bzw. wärmegedämmten Streifenfundamente wurden ca. 90 cm tief unter der Oberkante des Geländes gegründet. Die Streifenfundamente waren aus B 5 oder B 10 der Konsistenz 1 (steifer Beton) hergestellt (entspricht der Festigkeitsklasse C8/10 der neugefassten Betonnorm DIN EN 1045). Das Einbringen erfolgte in Lagen von 15 bis 30 cm Dicke.
Prinzipiell kann der Beton je nach Situation mit Schubkarren, Krankübel oder direkt vom Transportmischer in den Fundamentgraben eingebracht werden und wird dann, je nach Konsistenz, durch Stampfen, Rütteln oder Stochern verdichtet, um Lufteinschlüsse zu beseitigen. Um die Stahlschuhe für die Holzkonstruktion aufnehmen zu können, wurden Platzhalter aus Styropor (alternativ Schaumstoff oder Holzverschalung) in das Fundament eingelassen. Die Stahlschuhe sind zu einem späteren Zeitpunkt dann exakt justiert und mit Beton des Konsistenzbereichs 3

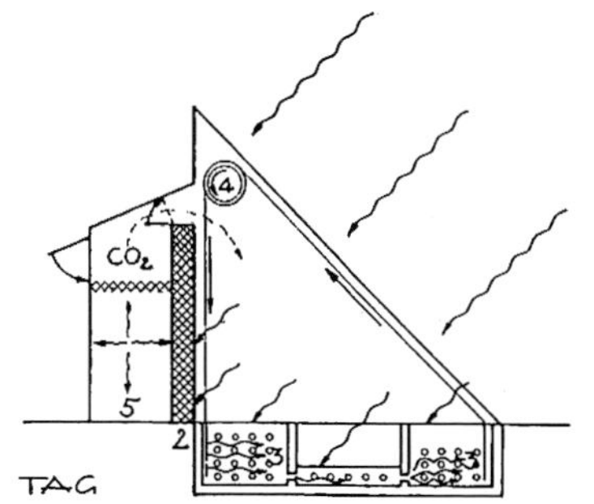

6
Wärmeströme im Gewächshaus bei Tag (oben) und bei Nacht (unten).

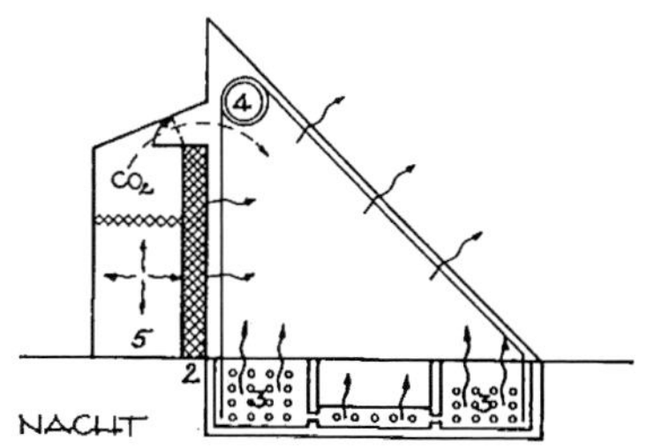

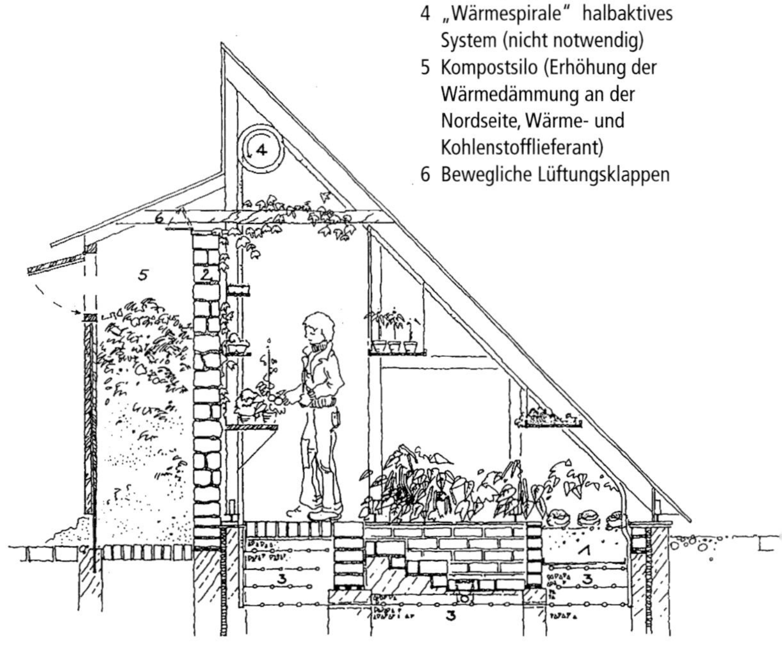

7 *(unten)*

1 Pflanzbeet
2 Basaltspeicherwand
3 Bodenspeicher (Basaltgrus oder –splitt)
4 „Wärmespirale" halbaktives System (nicht notwendig)
5 Kompostsilo (Erhöhung der Wärmedämmung an der Nordseite, Wärme- und Kohlenstofflieferant)
6 Bewegliche Lüftungsklappen

8 – 9 *(oben)* Rohbau.

10 *(unten)* Detail Sparren

11 *(rechte Seite, oben links)* Alles gedeiht – auch die Spalierwand ist bewachsen.

12 – 14 *(rechte Seite außen)* Details: Die äußere Befestigung der transparenten Abdeckung.

(weicher Beton, Verdichten durch Stochern) fixiert worden.
Im Bereich des Stützenfußes, der Fundamentecken und der Punktfundamente wurde eine einfache Bewehrung aus Baustahlgewebe eingebracht. Für Installationen wie Wasser, Abwasser, Elektrizität etc. waren Durchbrüche im Fundament vorgesehen.
Alternativ zum reinen Betonfundament ist ein Betonfundament mit Ziegelsockel und 7 cm Kerndämmung möglich. Der Ziegelsockel sollte etwa eine Ziegelhöhe (ca. 7.5 cm) unter Gelände beginnen und mit einer Horizontaldichtung aus Bitumenpappe versehen werden.

Betonwanne

Nach dem Erdaushub wurde als Ausgleichsschicht eine etwa 8 - 12 cm dicke Kiesschüttung eingebracht, in die auch Innendränage und das Abflussrohr verlegt waren. Eine Folie über der Kiesschüttung verhinderte das Verlaufen des Bodenbetons beim Einbringen. Die Betonwanne, bestehend aus den Beetkanten und Boden, wurde analog dem Betonfundament hergestellt. Der Beton sollte die Qualität B 15 – B 25 (entsprechend der Festigkeitsklasse C12/15 bis C25/30 nach DIN 1045 neu) haben.
Andere Materialien und Techniken sind denkbar; z.B. Beetkanten und Boden aus Ziegelmauerwerk (mit kleinem Fundament, etwa 15 cm hoch), einfacher Holzrost als Bodenbelag, Platten etc.

Dränage

Wegen der großen Dachfläche des Gewächshauses hätte sich später Sickerwasser vor dem Betonfundament aufstauen können. Um dies zu verhindern, half eine einfache Dränage mit einem Dränstrang vor dem Traufpunkt in etwa 30 cm Tiefe.
Prinzipiell: Besteht die Gefahr der Stauwasserbildung z.B. bei hangigem Gelände, bindigen Böden, wasserführenden Schichten oder Grundwasser, so wird ein ringförmiges, die Fundamente des Gewächshauses umschließendes Rohrsystem notwendig. Diese Ringdränage wird etwa 60 – 80 cm tief in einer Sickerpackung aus Kies verlegt. Die Dränrohre, Nennweite 100 mm, werden

im Mindestgefälle 0,5 – 1% verlegt. Preisgünstig sind gewellte Kunststoffrohre mit Wassereinlassöffnungen. Abzweige und Bögen gehören zum Lieferprogramm der Hersteller. Gegen Verschlämmen der Rohre wird eine Umhüllung mit Filtermatten aus Kunststoff- oder Glasfaservlies empfohlen. Das anfallende Sickerwasser kann in einer Zisterne aufgefangen und als Gießwasser dem ökologischen Kreislauf des Gartens zugeführt werden.

Gebäudehülle

Die transparente Abdeckung des Gewächshauses bestand aus nicht glasklaren Plexi-Doppelstegplatten (16/1200 mm). Sie besitzen eine annähernd gute Strahlungstransmission wie Doppelverglasung und sind leicht zu handhaben und zu montieren (U-Wert 2,8 W/ m^2 K).
Für die Befestigung der Doppelstegplatten wurde das „Unversal-Klemmset“ eingesetzt, ein Verbindungs- und Befestigungssystem aus dem Industriebau. Das Universal-Klemmset besteht aus einer Dicht- und Deckleiste (Alu-Profil). Die Dichtleiste aus Weichgummi wird auf die Nagelbinder bzw. Holzstützen aufgelegt. Alternativ zum Aluprofil könnte aber auch ein witterungsbeständiges Holzbrett 1,2/8 cm mit zwei Weichgummidichtungen verwendet werden.

Tragkonstruktion

Die Tragstruktur des Gewächshauses bestand aus imprägnierten Kiefernholzstützen (Alternative zur Imprägnierung: Einsatz von feuchtigkeitsunempfindlicherem Bauholz z.B. Lärche) und Nagelbindern, die über schmale, feuerverzinkte Stahlprofile mit der Basaltspeichermauer ausgesteift wurden.
Die Kompostsilos und Geräteboxen hingen gleichsam an dem Balkendreieck und der Mauer.
Das Achsrastermaß der Tragstruktur betrug 1,20 m x 1,20 m x 1,20 m. Über die Querschnittsabmessungen der tragenden Bauteile waren die Ausbaumaße definiert.
Für das Testgewächshaus wurde als Verbindungstechnik die zimmermannmäßige Holzverbindung gewählt und die Geometrie der Zapf-

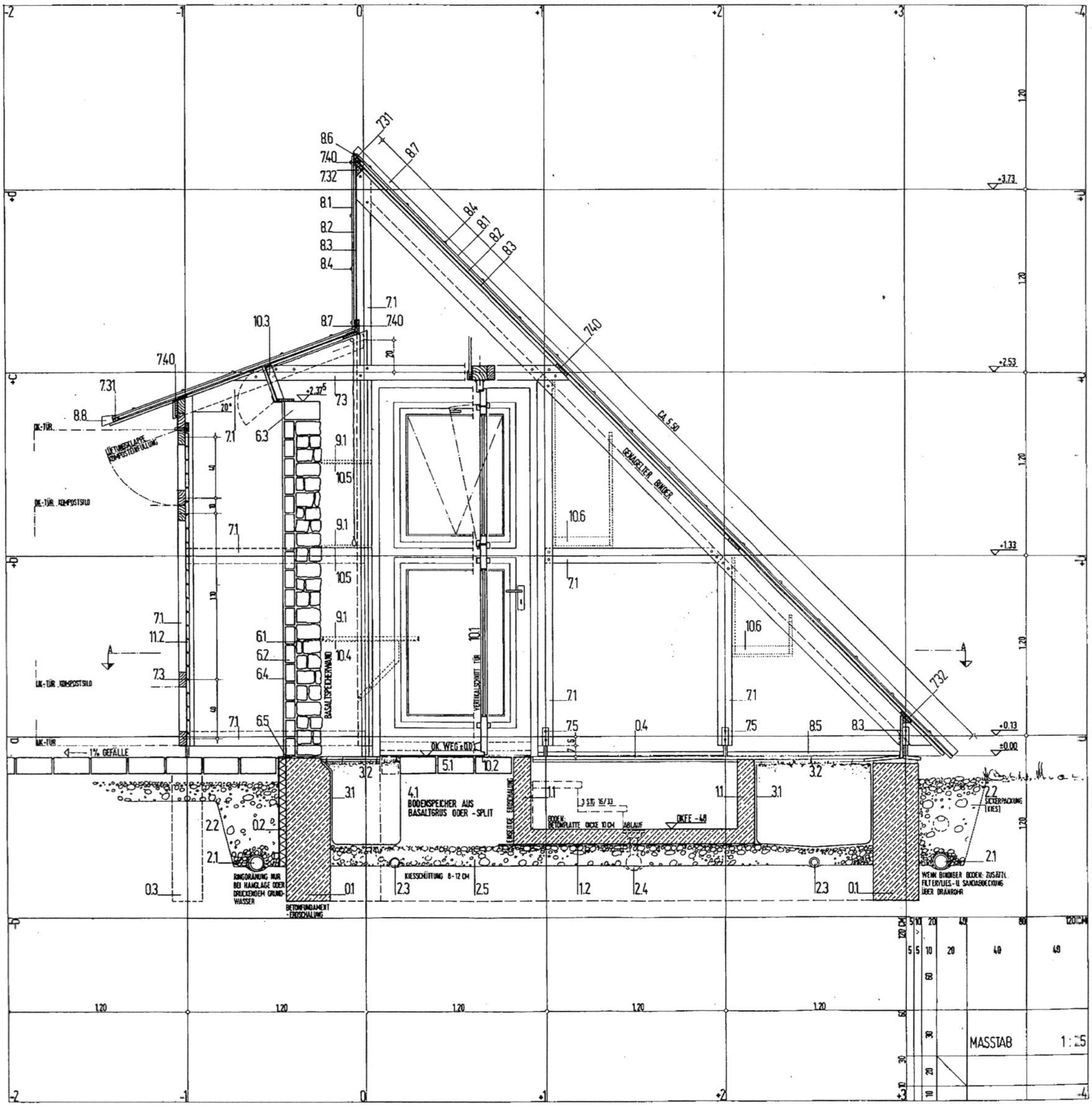

0.00 Fundament
0.10 Streifenfundament, B 5 – B 10 (C8/10 Betonnorm DIN EN1045)
0.20 Wärmedämmung 4 cm
0.30 Punktfundament (bewehrt), B 5 – B10 (C8/10 Betonnorm DIN EN1045)
0.40 Fliesen, 3% Gefälle, z.B. Terracotta

1.00 Betonwanne/Beetkante
1.10 Boden- und Beetkante, Dicke 10 cm B15 - B25 (neu:C12/15 - C25/30), alternativ Ziegel
1.20 Folie (nur bei Ortbetonlösung)

2.00 Dränung
2.10 Außen Kunststoffdränrohr, ø 10 cm, 1% Gefälle, Ringdränage b.drückend. Wasser o. Hanglage, 60-80 cm tief, bei Oberflächenwasser ca. 30 cm tief
2.20 Sickerpackung: Kiesschotter
2.30 innen Kunststoffdränrohr, ø 8 cm, 1% Gefälle
2.40 Bodenablauf m. Anschluss a.Dränage
2.50 Unterpackung: Kiesschütt. 8-12 cm

3.00 Pflanzbeet
3.10 Filtervlies
3.20 Substrat

4.00 Bodenspeicher
4.10 Basaltgrus oder –splitt

5.00 Weg
5.10 Vollmauerziegel, hart gebrannt

6.00 Wandspeicher
6.10 Basaltstein
6,20 Ziegel
6.30 Ziegelrollschicht
6.40 Putz mit Zement-Schlämm-Anstrich 1,5 – 2 cm
6.50 Bitumenpappe

7.00 Holzkonstruktion: Material Kiefer, Güteklasse ....,kesseldruckimprägniert oder Anstrich (Alternative: z.B. Lärchenholz)
Mögliche Verbindungsarten: Zapfenstoß, Nagelplatten oder Formteile aus verzinktem Stahl.
Mögliche Verbindungsmittel: Nägel, Schrauben, Dübel aus verzinktem Stahl oder Messing
7.10 10/10 Vollholz-Stützen, Riegel, Sparren
7.20 2,5/16 Brett

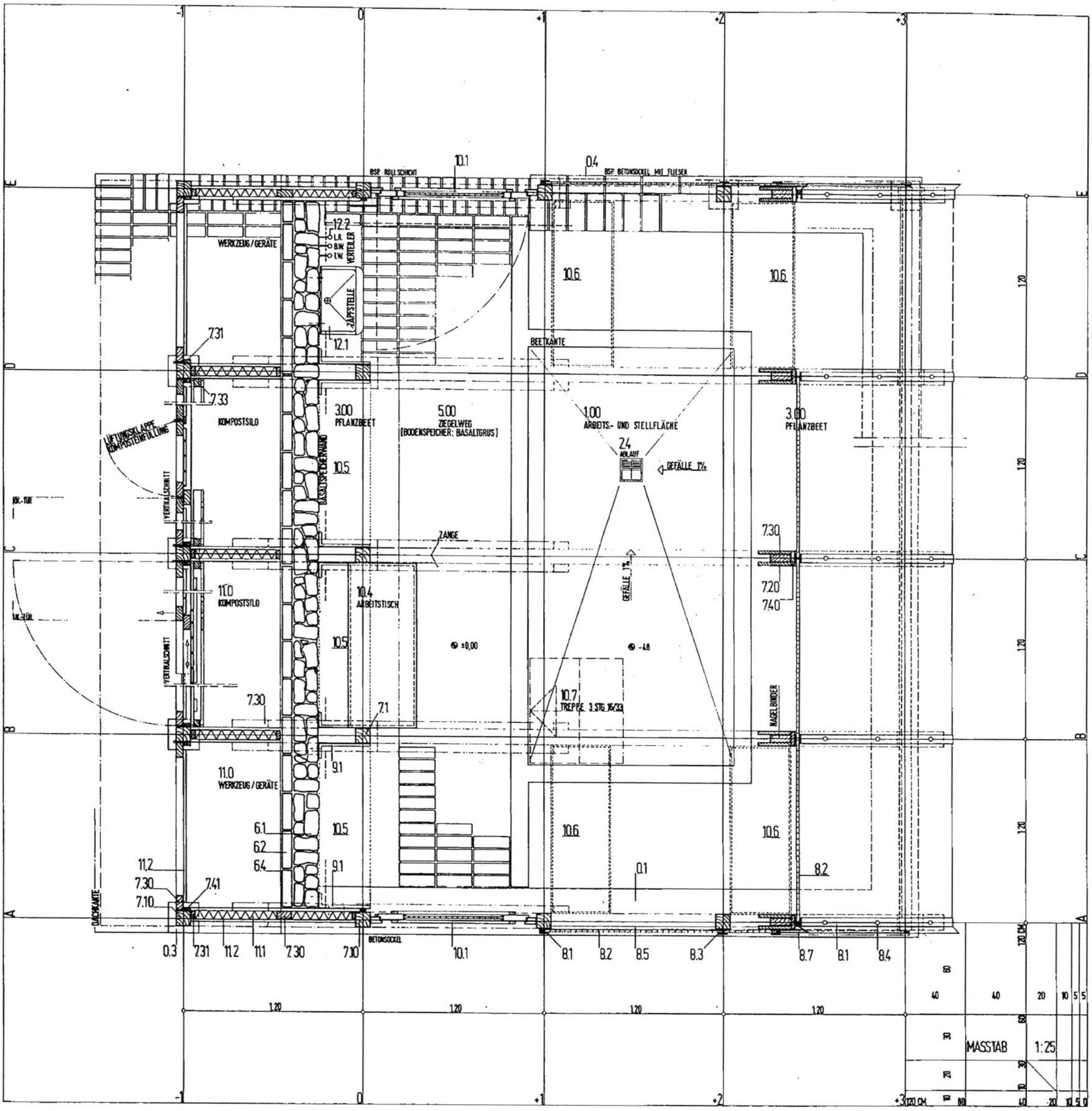

7.30 5/10 Vollholz-Nagelbinder
7.31 2,5/5 Brett
7.32 5/5 Dreikantleiste
7.33 5/5 Brett
7.40 2/10 Brett
7.41 2/5 Leiste
7.50 Stützenfuß: Formteil aus feuerverzinktem Stahl

8.00 Gewächshaushülle
8.10 Alu-Oberprofil (Universal-Klemmset) oder Holzbrett 1,2/8 cm
8.20 Stegdoppelplatte 16/1200 mm – Plexiglas XT farblos
8.30 Weichgummidichtung
8.40 Schraube 6 x 24 mit Dichtscheibe, Schraubabstand ca. 350 mm
8.50 Alu-Winkel 30/30
8.60 Firstverwahrung: Profiliertes Zinkblech
8.70 Randverwahrung: Profiliertes Zinkblech
8.80 Dachrinne (mit Fall-Leitung)

9.00 Queraussteifung
9.10 ST 37, feuerverzinkt, 30/30, können als Tisch- und Regalrahmen mit herangezogen werden

10.00 Ausbau I – Gewächshaus
10.10 Tür mit beweglicher Lüftungsklappe
10.20 ST 37 25/25, feuerverzinkt
10.30 Lüftungsklappe mit Seilzugmechanik
10.40 Arbeitstisch
10.50 Regal – Drahtglas
10.60 Hängeregal (für Anzucht)
10.70 Treppe: Holz oder gemauert

11.00 Ausbau II
Kompostsilo/Werkzeug- und Geräteschrank
11.10 Wärmedämmung 6 cm
11.20 Rauspund oder Holztafeln

12.00 Medieninstallationen
12.10 Zapfstelle – Wasser
12.20 Verteiler – Wasser: Trinkwasser (TW), Brauchwasser (BW), Leerrohr (LR), Abwasserleitung (AW)

15 und 16

Profilschnitt und Innnenansicht *(linke Seite)* und Grundriss A-A *(rechts)*

verbindung an der Baustelle der jeweiligen Situation angepasst. Als Verbindungsmittel dienten verzinkte Schraubnägel bzw. Senkholzschrauben mit Kreuzschlitz. Die Herstellung von Zapfen und Nut ist arbeitsaufwendig. Kostengünstiger lassen sich die Holzteile z.B. mit verzinkten Stahlblechen, Balkenschuhen oder anderen Blechformteilen verbinden. Das Bausystem des Solargewächshauses bestand im wesentlichen aus vier unterschiedlichen Holzquerschnitten. Untergeordnete Querschnitte ließen sich an der Tischkreissäge aus den Grundquerschnitten herstellen.
Die Nagelbinder setzten sich aus 2 Brettern 2,5/16 und einem Vollholz 5/10 zusammen und wurden mit Leim und Schraubnägeln miteinander verbunden.

17 – 19
Wärmedämmender Anbau auf der Nordseite des Gewächshauses. Er beherbergt Kompostsilos (Mitte) und die Gerätebox (unten).

20
Das angebaute Obstspalier.

Obstspalier

Zusammen mit dem Testgewächshaus wurde eine Spalierwand gebaut (Abb. 20), die Obst zum Reifen bringen sollte und ein Grundgerüst für Bohnen und Freilandtomaten bildete. Die Spalierwand grenzte zudem den Gemüsegarten vom übrigen Gartengelände ab, so dass dadurch eine geschlossene Form entstand.

Erfahrungsbericht zum Solargewächshaus

Autarkie und Energieeinsparung im Allgemeinen, solare Energie, Wärmeschutz für Winter und Sommer, Gebäudebegrünung und Selbstversorgung im Besonderen waren Themen in der interdisziplinären Forschungsgruppe für alternative Technologie.
Für Thomas Herzog, Rudi Baumann und mich führte dies zu dem Projekt „Pullover“, dessen Erkenntnisse ich in Haus und Garten des gerade erworbenen Althauses (ein Schrotthaus, wie sich bald herausstellte) anwenden wollte.

Eine andere Quelle für die Motivation lag sicherlich in der gartenbaulichen Erfahrung meiner Jugend. Mit 15 Jahren begann ich ein Grundstück meiner Großmutter zu nutzen, das ich später zu einer kleinen Obstplantage ausweitete. Zusammen mit meinen jüngeren Geschwistern zog ich Gemüse und Obst für die 10-köpfige Familie.
Eine ähnliche Art Selbstversorgung wollte ich auf dem kleinen Stadtgrundstück in Kassel auf 250 m^2 erreichen. Es stellte sich schnell heraus, dass der Standort eine kürzere Vegetationsperiode hatte als der, auf dem ich meine Erfahrungen gemacht hatte. Die produktive Zeit war auf 6 Monate begrenzt, das hieß, in dieser Zeit Vorräte für die anderen 6 Monate zu produzieren und haltbar zu machen. Von mehreren theoretischen Projekten wusste ich, dass der begrenzende Faktor in der Arbeitszeit lag. So konnten entweder die produktive Phase verlängert oder Verwertung und Speicherung verbessert werden. Beides machten wir: Einen Keller mit gemauerten Regalen und Lehmboden und eine Tiefkühleinheit, sowie, spektakulärer, ein Gewächshaus, das nun wieder solar optimiert werden sollte.
Das Solargewächshaus, wie wir es damals nannten, war in allen Details eine Herausforderung, da alle Komponenten zu untersuchen und zu suchen waren, die heute selbstverständliches Baumarktangebot sind.
Gut funktionierten die Wärme speichernde Rückwand aus Basalt und die Wärme erzeugende und dämmende Kompostanlage auf deren Rückseite.
Ebenfalls sehr befriedigend war der Einsatz der damals neuen Doppelstegplatten. Völlig ineffizient war die Wärmespirale, da der zweimalige Medienübergang selten die benötigte Temperaturdifferenz erreichte und die Rohre im Boden die Pflanzarbeit behinderten.
Besonders effizient war das Bewässerungssystem, das sich aus einer Zisterne speiste und mit hängenden Düsen über allen Beeten parallel zu anderen Arbeiten betreiben ließ.
Bau und Betrieb wurden Modell für ein Passivsolarhaus, das ich rund um ein altes Dreißigerjahrehaus entwickelte, ebenfalls zusammen mit Thomas Herzog und Rudi Baumann.
Die frühe Aussaat und die Produktion empfindlicher Arten im Gewächshaus sowie die Verlängerung der Wachstumszeit in den Spätherbst hinein (Trauben bis Dezember) führten dazu, dass nun 9 Monate produziert werden konnte und nur für drei Monate Vorräte angelegt werden mußten.
Um den Nachweis für uns selbst und andere zu stützen, wurde deshalb über Art und Menge der Aussaaten, über Pflanzung und Ernte Buch geführt und das Ganze in Bildern dokumentiert.

Für meine Familie war das Gewächshaus ein Erfolgsprojekt, das zudem Spaß machte. Mit meinem Ruf an die Technische Universität München wurden die gemachten Erfahrungen bei Bau und Betrieb der „Grünen Häuser" (BUGA 1985 in Berlin, Film „Salat vom Dach") angewandt. Für eine serielle Produktion für Kleingartenanlagen in Regensburg und Schweinfurt wurden sie im Rahmen eines Drittmittelprojektes an der Technischen Universität München weiterentwickelt und 40fach angewendet.

Alle Abbildungen:
Anneliese und Peter Latz

21
Spalier und Laubengang laufen gleichsam durch das im Sommer offene Gewächshaus und begrenzen den Gemüsegarten.

22
Ein freundlicher Gewächshauseingang erfreut das Herz.

Weitere Bücher im ökobuch Verlag

Anders gärtnern

Permakultur-Elemente im Hausgarten. Ob Kräuterspirale, Krater- bzw. Hochbeet, Kartoffelturm, Wurmfarm oder Erdgewächshaus mit Hühnerstall, bei allem dient die Natur als Vorbild. Mit vielen Anleitungen für einen Hausgarten, in dem die Bereiche harmonisch zusammenwirken und sich gegenseitig fördern. Von Margit Rusch. 96 Seiten, mit vielen farbigen Abbildungen, 16,95 €

Mein kleiner Permakultur-Garten

300 kg Ernte auf 150 m^2 Fläche mitten in der Stadt. Der Autor Josef Chauffrey beschreibt die Kultivierung eines Reihenhausgartens nach Permakultur-Prinzipien und zeigt, wie sich beachtliche Ernteerfolge an Obst u. Gemüse erzielen lassen. 110 Seiten, mit vielen farbigen Abbildungen, 16,95 €

Das Biogarten-Praxisbuch

Anleitung zum naturgemäßen Gärtnern in Bildern. Hier wird das notwendige Wissen vermittelt, um erfolgreich den Boden zu bestellen und reichhaltig gesundes Obst und Gemüse zu ernten. Susanne Bruns. 224 Seiten, viele Abbildungen, 18,95 €

Permakultur im Hausgarten

Mit diesem Buch gibt der Autor einen Leitfaden an die Hand, wie ein Hausgarten Stück für Stück zum persönlichen und vielseitigen Permakultur-Garten gestaltet oder umgestaltet werden kann. Jonas Gampe. 144 Seiten, mit vielen Abbildungen, 16,95 €

Auf 300 qm Gemüseland

… den Bedarf eines Haushalts ziehen. Wie man auf kleinstem Raum einen Nutzgarten anlegt und erfolgreich bewirtschaftet, können wir von unseren Vorfahren lernen. Mit schnellen, praktischen, alphabetisch geordneten Infos über die wesentlichen Pflanzen, über Anbau- und Arbeitsmethoden Von Arthur Janson. Neugestalteter Nachdruck der Erstausgabe von 1926. 170 Seiten, 16,95 €

Saatgut aus dem Hausgarten

Nach einer Einführung in die Saatgutgewinnung und in die Praxis der Vermehrung werden die nötigen Hilfsmittel, Ernte, Reinigung und Lagerung der Samen sowie Aussaat und Aufzucht beschrieben. Mit kurzen Pflanzenporträts aller im Hausgarten üblichen Kräuter, Gemüse und Blumen. Von Marlies Ortner. 138 Seiten, mit vielen farbigen Abbildungen, 19,90 €

Trocknen und Dörren mit der Sonne

Bau & Betrieb von Solartrocknern. Ein Buch für alle, die einen funktionstüchtigen Solartrockner kostengünstig selbst bauen möchten, um Obst, Gemüse und Kräuter natürlich und hochwertig haltbar zu machen. Außerdem: Praxis des Trocknens mit vielen Tipps aus langjähriger Erfahrung. Herausgegeben von Claudia Lorenz-Ladener. 96 Seiten, mit vielen farbigen Abbildungen, 16,95 €

Terrassen und Decks aus Holz selbst gebaut

Planungsüberlegungen, sinnvolle Konstruktionen, Materialempfehlungen. Viele Beispiele und Schritt-für-Schritt-Bilder vermitteln das Wissen zum Bau schöner Holzdecks. Von Peter Himmelhuber. 102 Seiten, mit vielen farbigen Abbildungen, 16,95 €

Mein Garten lebt

Vögel, Schmetterlinge, Igel, Wildbienen und andere nützliche Tiere ansiedeln. Mit Bauanleitungen und Gestaltungsideen, um durch Nisthilfen, Schlafquartiere u.ä, Gärten tierfreundlich zu gestalten Von Peter Himmelhuber. 96 Seiten, mit vielen farbigen Abbildungen, 16,95 €

Natürlich konservieren

Die 250 besten Rezepte, um Gemüse und Obst möglichst naturbelassen haltbar zu machen und ein maximum an Vitaminen, Nährstoffen und Geschmack zu erhalten. Herausgegeben von Terre Vivante. 160 Seiten, mit vielen Abbildungen, 16,95 €

Trockenmauern für den Garten

Bauanleitung & Gestaltungsideen. Ob Sitzplätze oder Hochbeete einzufassen, eine Hangfläche zu terrassieren oder das Grundstück einzugrenzen: Mit einfachen Werkzeugen kann jeder kostengünstig eine schöne und dauerhafte Trockenmauer selbst bauen. Von Jana Spitzer und Reiner Dittrich. 96 Seiten, mit vielen farbigen Abbildungen, 16,95 €

Hütten von Kindern selbst gebaut

Das Buch zeigt schön illustriert, wie Kinder ohne großen Aufwand ihr eigenes kleines Reich erschaffen können, mit Baumaterialien, die fast alle draußen zu finden sind: Spielhäuschen, Kuppelbau, Schlupfwinkel, Beobachtungsversteck. Ab 8 Jahre. Von Louis Espinassous. 58 Seiten, mit vielen Abbildungen, 16,95 €

Kleine Baumhäuser und Hütten

… kinderleicht gebaut. Hier wird gezeigt, wie Baum- und Stelzenhäuser gebaut werden können. Mit Anleitungen für verschiedene Konstruktionen und Bildern von realisierten Beispielen. Von David Stiles. 96 Seiten, mit vielen farbigen Abbildungen, 16,95 €

Holzbacköfen im Garten

Detaillierte Bauanleitungen vom einfachen Lehmofen bis zum gemauerten Brotbackhäuschen. Mit vielen Erfahrungen und Ratschlägen sowie pfiffigen Tipps und Rezepten. Herausgegeben von Claudia Lorenz-Ladener. 138 Seiten, mit vielen Abbildungen, 17,95 €

Gestalten mit Stein im Garten

Pflastern von Wegen, Terrassen und Zufahrten, Anlegen von Treppen und das Errichten von Mauern und Hangbefestigungen, mit Hinweisen zur Materialwahl, zu Aufwand und Kosten, und mit Anregungen für eigenes Schaffen. Von Peter Himmelhuber. 126 Seiten, mit vielen farbigen Abbildungen, 16,95 €

Naturkeller

Grundlagen der Kühllagerung und Anleitungen für Planung und Bau naturgekühlter Lagerräume im Haus und Freiland. Von Claudia Lorenz-Ladener. 140 Seiten, mit vielen Abbildungen, 19,90 €

Gestalten mit Holz im Garten

Bodenbeläge, Holzdecks, Zäune, Rankgerüste, Lauben. Bauanleitungen und Gestaltungsideen für Nützliches und Dekoratives aus Schnittholz und aus grünem Holz. Von Heidi Howcroft. 136 Seiten, mit vielen Abbildungen, 18,95 €

Einfache Lauben und Hütten selbst gebaut

Einfache Paradiese zum Selbstbauen. Bauanleitungen für schnell zu errichtende Behausungen (Tipi, Baumhaus, Kuppelbau, Hogan etc.), sowie für schöne Lauben für den Garten oder die freie Natur. Von Claudia Lorenz-Ladener. 160 Seiten, mit vielen farbigen Abbildungen, 16,95 €

Kleine grüne Archen

Passivsolare Gewächshäuser als Alternative zum transparenten Standard-Gewächshaus. Das Buch zeigt, wie Solargewächshäuser freistehend, angelehnt oder teilweise in der Erde versenkt auch selbst gebaut werden können. Von Claudia Lorenz-Ladener. 128 Seiten, mit vielen farbigen Abbildungen, 22,90 €

Mit Weiden bauen

Anleitungen für Zäune, Laubengänge, Wigwams, Sitzplätze und grüne Kuppeln. Arbeiten mit lebendem Material, aus dem sich viele schöne, nützliche Dinge herstellen lassen.
Von Jon Warnes. 60 Seiten, mit vielen farbigen Abbildungen, 16,95 €

Färben mit Pflanzen

Färbepflanzen - Rezepte - Anwendung. Aufbereitung und Anwendung heimischer Färbepflanzen zum Färben von Wolle und Stoffen werden in zahlreichen Rezepten detailliert beschrieben.
Von Dorit Berger. 96 Seiten, mit vielen farbigen Abbildungen, 16,95 €

Bauen mit Frischholz

Vom Spalier bis zur Laube – frisches grünes Holz ist ein ausgezeichnetes Material, um daraus nützliche Gartenobjekte herzustellen. Mit Schritt-für-Schritt-Anleitungen für Pflanzbehälter, Spaliere, Bänke, Lauben usw. Von Alan und Gill Bridgewater. 80 Seiten, mit vielen Abbildungen, 16,95 €

Essbare Wildpflanzen aus dem Hausgarten

150 Arten: Obst, Kräuter, Gemüse. Wie eine dauerhafte Pflanzenlandschaft aus fruchttragenden Bäumen und Sträuchern, wilden Stauden sowie Kräutern und essbaren Bodendeckern geschaffen werden kann. Mit mehr als 70 Pflanzenporträts essbarer Wildfrüchte, Wildkräuter und Wildgemüse und Tipps zu deren Verwertung. Von Marlies Ortner. 126 Seiten, mit vielen Abbildungen, 16,95 €